2·16·72

Die Presse in Europa
The Press in Europe

Die Presse in Europa
The Press in Europe

Ein Handbuch für Wirtschaft und Werbung
A Handbook for Economics and Advertising

Bearbeitet von / Compiled by
Fritz Feuereisen

VERLAG DOKUMENTATION, MÜNCHEN-PULLACH 1971
R. R. BOWKER COMPANY, NEW YORK

Vorwort

Nach den drei Handbüchern über die Presse in Afrika, Asien und Lateinamerika liegt jetzt der Band über die Presse in Europa vor. Er ist ebenfalls für den Praktiker bestimmt, auf Handlichkeit und Übersichtlichkeit wurde auch hier der größte Wert gelegt. Der Benutzer kann auf den ersten Blick das für ihn Wesentliche erkennen, von der Anschrift bis zum Anzeigenpreis. Um schnelle Orientierung zu gewährleisten, wurde auf Abkürzungssymbole und Währungstabellen verzichtet. **1692310**

Der europäische Markt ist dabei, zu einem großen Binnenmarkt zusammenzuwachsen. Aus diesem Grund überschreitet die Werbung immer stärker die Landesgrenzen. Darauf ist das Handbuch zugeschnitten. Es wurde deshalb auch nicht der Versuch unternommen, den Zeitungsmarkt bis in das letzte Detail zu erfassen. Es ging mehr darum, in der Hauptsache einen Überblick über jene Publikationen zu geben, die den Anforderungen überregionaler Werbung entsprechen.

Wie jeder Kenner weiß, ist speziell die Presse in Europa einem ständigen Konzentrationsprozeß unterworfen, der es den Verfassern solcher Handbücher schwer, ja fast unmöglich macht, den jeweils aktuellen Stand lückenlos zu dokumentieren. Dennoch ist versucht worden, dem Praktiker eine brauchbare Arbeitsunterlage zu bieten. Sollte sich trotz umfassender Recherchen hier und da ein Fehler eingeschlichen haben, wird gebeten, Nachsicht zu üben, denn: Nobody is perfect.

Foreword

After three handbooks on the press in Africa, Asia and Latin America, the volume on the press in Europe is now available. Like its predecessors, this volume is intended for the expert; we have also sought to make it as handy and clearly organized as possible. The user can recognize at a glance what he needs to know, from the address to the price of an advertisement. In order to guarantee quick orientation, abbreviation symbols and currency tables have been eliminated.

The European market is in the process of growing together into a large internal marketplace. For this reason, advertising steps increasingly across geographic national boundaries, and the handbook is arranged with this in mind. There has been no attempt to include every detail of the newspaper market; it was thought more important to provide an overview of those publications which meet the demands of inter-regional advertising.

As every expert knows, the European press is especially subject to a constant process of concentration; this makes it difficult, indeed almost impossible, for the editors of such a handbook to document the situation at any given time. We have tried nevertheless to offer the practicing person a useful foundation for his work. In case a mistake might have crept into the work, despite comprehensive checking and rechecking, we ask the user's indulgence.

Inhaltsverzeichnis

Contents

Kurt Koszyk/Karl-Hugo Pruys

Wörterbuch zur Publizistik

1970. 540 Seiten. Linson DM 36.—. Vlg.-Nr. 03601

"Das Wörterbuch zur Publizistik behandelt — so die Herausgeber im Vorwort — im Stil eines Glossariums Begriffe des Pressewesens, Termini der Publizistikwissenschaft und technische, juristische sowie allgemeine Ausdrücke aus der journalistischen Praxis. Daneben werden Namen und Begriffe, u. a. von Film, Funk und Fernsehen, der Werbung und Meinungsbildung sowie der Kommunikationsforschung erläutert. Insgesamt enthält der Band über 500 Stichworte, die fast alle mit mehr oder weniger umfangreichen Literaturhinweisen versehen sind. Seine praktische Verwendbarkeit dürfte also im Prinzip kaum außer Frage stehen, wenngleich sie erst nach längerem Gebrauch wirklich beurteilt werden kann. Der als 'repräsentativ' bezeichneten Auswahl der Stichworte kann jedenfalls nach einer ersten Durchsicht bestätigt werden, daß sie dem Benutzer bei der Klärung der heute aktuellen — ihm z. B. bei der Zeitungslektüre begegnenden — kommunikationspolitischen und -wissenschaftlichen Fragen weiterhilft. Die Gesamtanlage des Bandes überzeugt...Das Buch dürfte schnell zum Standardwerk werden. Der Fachmann wie der 'normale' Zeitungsleser werden es mit Gewinn benutzen." Frankfurter Allgemeine
Das Wörterbuch wird ergänzt durch einen umfassenden und systematisierten bibliographischen Anhang; ein Autoren- und ein Stichwortregister erleichtern die Benutzung des Nachschlagewerks.

VERLAG DOKUMENTATION · 8023 München—Pullach · Postfach 148.

BELGIEN / BELGIUM

Belgien

Zeitung, politische Richtung Newspaper, Political Trend	Anschrift Address	Auflage Circulation	Sprache, Erscheinungsweise Language, Frequency of Issue
A B C Nieuwsmagazine unabhängig independent	Leeuwerikstraat 41, **Antwerpen**	56 600	niederländisch wöchentlich Dutch weekly
Agence Economique et Financière "AGEFI" unabhängig independent	5 - 7 Quai au Bois a Bruler, **Bruxelles 1**	12 000 - 16 000	französisch täglich French daily
Bij de Haard katholische Zeitschrift catholic news	Minderbroederstraat 8, **Leuven**		niederländisch monatlich Dutch monthly
Chez Nous unabhängig independent	60, rue St. Pierre, **Bruxelles 1**	290 000	französisch wöchentlich French weekly
La Cité unabhängig independent	26, rue St.-Laurent, **Bruxelles 1**	70 000	französisch täglich French daily
La Croix de Belgique	216, Chaussée de Wavre, **Bruxelles 4**	220 000	französisch wöchentlich French weekly

Leserkreis *Kind of Readers*	Seitenzahl, Format, Spalte *Pages, Size, Column*	Druckverfahren, Bildraster *Printing Method, Screen of Pictures*	Anzeigenpreis *Price of Advertising*	Anzeigenschluß, ... vor Erscheinen *Closing date ... before publication*
alle Schichten all kinds	100 24,5 x 28,5 cm 5,5 cm	Offset 125	bfr. 9 000,– pro Seite page rate bfr. 15 000,– für Farbe for colour	4 Wochen 4 weeks
Wirtschaftskreise economic circles	8 40 x 56,5 cm 6,3 cm	typographique 65	US-Dollar 712,– pro Seite page rate	2 Tage 2 days
vorwiegend Frauen women in general	48 15 x 22 cm 7 cm	Helio 120	bfr. 15 000,– pro Seite page rate bfr. 25 000,– für Farbe for colour	1 Monat 1 month
alle Schichten all kinds	100 - 132 19,8 x 27,1 cm 4,4 cm	Helio 200 - 300	bfr. 21 000,– pro Seite page rate bfr. 29 000,– für Farbe for colour	6 Wochen 9 Wochen für Farbe 6 weeks 9 weeks for colour
alle Schichten all kinds			Rückfrage erforderlich ask for details	
alle Schichten all kinds	4 32,9 x 50 cm 4,7 cm	Rotation 60	bfr. 42 000,– pro Seite page rate 20% mehr/plus für Farbe for colour	11 Tage 11 days

Zeitung, politische Richtung	Anschrift	Auflage	Sprache, Erscheinungsweise
Newspaper, Political Trend	*Address*	*Circulation*	*Language, Frequency of Issue*
La Dernière Heure unabhängig independent	52, rue du Pont-Neuf, **Bruxelles 1**	180 000	französisch täglich French daily
Dimanche unabhängig independent	20, Place de Vannes, **Mons** Telex 0571-75	475 000	französisch wöchentlich French weekly
Echo de la Bourse unabhängig, Wirtschaftsblatt independent, economic news	47, rue du Houblon, **Bruxelles** Telex 21491	30 000	französisch täglich French daily
De Financieel Ekonomische Tijd unabhängig, Wirtschaftsblatt independent, economic news	Eddenstraat 13 (VIII) **Antwerpen** Telex 32614	9 200	niederländisch täglich Dutch daily
De Gentenaar - Die Landwacht katholisch catholic	Savaanstraat 13, **Gent** Telex 243-244	50 000 - 55 000	flämisch täglich Flemish daily

Leserkreis *Kind of Readers*	Seitenzahl, Format, Spalte *Pages, Size, Column*	Druckverfahren, Bildraster *Printing Method, Screen of Pictures*	Anzeigenpreis *Price of Advertising*	Anzeigenschluß, . . . vor Erscheinen *Closing date . . . before publication*
alle Schichten all kinds	40 x 55 cm 5 cm	Rotation	bfr. 14,— pro Spalte/mm column/mm	2 Tage 2 days
alle Schichten all kinds	6 34 x 50 cm 5 cm	Typo-Rotative 40 - 60	US-Dollar 0,80 pro Spalte/mm column/mm 25% mehr/plus für Farbe for colour	20 Tage 20 days
Wirtschaftskreise economic circles	18 36 x 52,5 cm 5,8 cm	Rotation 65	bfr. 31 500,— pro Seite page rate bfr. 36 500,— für Farbe for colour	2 Tage 2 days
Wirtschaftskreise economic circles	12 39 x 52 cm 6,3 cm	Duplex 65	US-Dollar 7 400,— pro Seite page rate	2 Tage 2 days
alle Schichten all kinds	24 40 x 54,2 cm 5 cm	Typo-Rotative 60	bfr. 26 000,— pro Seite page rate bfr. 31 200,— für Farbe for colour	2 Tage 2 days

Belgien

Zeitung, politische Richtung *Newspaper, Political Trend*	Anschrift *Address*	Auflage *Circulation*	Sprache, Erscheinungsweise *Language, Frequency of Issue*
Groupe 1 **Het Belang Van Limburg** **Gazet Van Antwerpen** **Gazet Van Mechelen** **De Standaard** **Het Nieuws Blad** **De Gentenaar** **De Landwacht** **Het Handelsblad** katholisch Catholic	27, Boulevard Bischoffsheim, **Bruxelles 1**	580 500	niederländisch täglich Dutch daily
Journal et Indépendance sozialdemokratisch social democratic	20, rue du Collège, **Charleroi**	60 000	französisch täglich French daily
Het Laatste Nieuws unabhängig, liberal independent, liberal	105, Boulevard Emile Jacqmain, **Bruxelles 1** Telex 21495	295 000	niederländisch täglich Dutch daily
Libelle neutrale Frauenzeitschrift neutral women news	34 - 38, Van Schoon- bekestraat, **Anvers 1**	172 721	französisch, niederländisch Dienstag French, Dutch tuesday

Leserkreis	Seitenzahl, Format, Spalte	Druckverfahren, Bildraster *Printing Method,*	Anzeigenpreis	Anzeigenschluß, ... vor Erscheinen *Closing date*
Kind of Readers	*Pages, Size, Column*	*Screen of Pictures*	*Price of Advertising*	*... before publication*
mittlere und untere Schichten middle and lower classes	32 40 x 54,2 cm 5 cm	Rotation 60	US-Dollar 5 029,— pro Seite page rate US-Dollar 6 287,— - 7 929,— für Farbe for colour	3 Tage für Farbe 3 Wochen 3 days for colour 3 weeks
alle Schichten all kinds	20 38,5 x 57 cm 4,6 cm	Rotation 65	bfr. 25 000,— pro Seite page rate 20% mehr/plus für Farbe for colour	1 Tag 1 day
mittlere und untere Schichten middle and lower classes	28 34,4 x 48,9 cm 4,7 cm	Typo 65	bfr. 88 998,— - 112 959,— pro Seite page rate 25% mehr/plus für Farbe for colour	1 Tag 1 day
Ober- und Mittelschicht upper and middle classes	120 23 x 28,7 cm 4,9 cm	Heliogravure	bfr. 35 400,— pro Seite page rate bfr. 51 900 für Farbe for colour	4-6 Wochen 4-6 weeks

Zeitung, politische Richtung	Anschrift	Auflage	Sprache, Erscheinungsweise
Newspaper, Political Trend	*Address*	*Circulation*	*Language, Frequency of Issue*
La Libre Belgique unabhängig, katholisch independent, catholic	12, Montagne aux Herbes Potagères, **Bruxelles 1** Telex 21550	160 000 - 170 000	französisch täglich French daily
La Meuse unabhängig independent	8 - 10, Bd. de la Sauvenière **Liège**	180 000	französisch täglich French daily
La Nouvelle Gazette unabhängig independent	2, Quai de Flandre, **Charleroi**	64 050	französisch täglich French daily
Ons Volk unabhängig independent	Em Jacqmainlaan 127, **Bruxelles 1**	148 000	niederländisch wöchentlich Dutch weekly
Panorama neutrale Familienzeitschrift neutral Family news	Van Schoonbekestraat 34 - 38, **Anvers 1**	155 800	französisch, niederländisch Dienstag French, Dutch tuesday
Le Patriote Illustre unabhängig independent	12, Montagne aux Herbes Potagères, **Bruxelles 1** Telex 21550	60 000	französisch wöchentlich French weekly

Leserkreis *Kind of Readers*	Seitenzahl, Format, Spalte *Pages, Size, Column*	Druckverfahren, Bildraster *Printing Method, Screen of Pictures*	Anzeigenpreis *Price of Advertising*	Anzeigenschluß, ... vor Erscheinen *Closing date ... before publication*
alle Schichten all kinds	22 40 x 55 cm 5 cm	rotatives typo	bfr. 66 000,— pro Seite page rate für Farbe nach Vereinbarung for colour ask for details	1 Tag 1 day
alle Schichten all kinds	40 x 58 cm 4,9 cm	Rotation	bfr. 20,— pro Spalte/mm column/mm	2 Tage 2 days
alle Schichten all kinds	20 41,9 x 57,5 cm 5 cm	typo 65	bfr. 55 200,— pro Seite page rate 15% - 40% mehr/plus für Farbe for colour	2 Tage 8 Tage für Farbe 2 days 8 days for colour
alle Schichten all kinds	110 - 132 19,8 x 27,1 cm 4,4 cm	Helio 200 - 300	bfr. 21 000,— pro Seite page rate bfr. 29 000,— für Farbe for colour	6 Wochen 9 Wochen für Farbe 6 weeks 9 weeks for colour
Ober- und Mittelschicht upper and middle classes	64 26,2 x 36 cm 5,8 cm	Heliogravure	bfr. 27 500,— pro Seite page rate bfr. 41 000,— für Farbe for colour	4-6 Wochen 4-6 weeks
alle Schichten all kinds	64 22,4 x 33,5 cm 7 cm	Heliogravure	bfr. 16 000,— pro Seite page rate für Farbe nach Vereinbarung for colour ask for details	3 Wochen 3 weeks

Belgien

Zeitung, politische Richtung	Anschrift	Auflage	Sprache, Erscheinungsweise
Newspaper, Political Trend	*Address*	*Circulation*	*Language, Frequency of Issue*
Le Peuple sozialistisch socialist	33 - 35, rue des Sables, **Bruxelles 1**	75 000	französisch täglich French daily
De Post unabhängig independent	Luchthavenlei 16, **Antwerpen**	95 000	wöchentlich weekly
Le Rappel unabhängig independent	40, rue de Montigny, **Charleroi**	70 000	französisch täglich French daily
Regina Mode neutrale Frauenzeitschrift neutral women news	Van Schoonbeke-straat 34 - 38, **Anvers 1**	87 600	französisch niederländisch monatlich French Dutch monthly
Rosita neutrale Frauenzeitschrift neutral women news	Van Schoonbeke-straat 34 - 38, **Anvers 1**	278 100	französisch niederländisch Mittwoch French Dutch wednesday

Leserkreis *Kind of Readers*	Seitenzahl, Format, Spalte *Pages, Size, Column*	Druckverfahren, Bildraster *Printing Method, Screen of Pictures*	Anzeigenpreis *Price of Advertising*	Anzeigenschluß, . . . vor Erscheinen *Closing date . . . before publication*
alle Schichten all kinds	40 x 54 cm 4,6 cm	Rotation	bfr. 12,– pro Spalte/mm column/mm	2 Tage 2 days
alle Schichten all kinds	23,5 x 30,6 cm	Rotation	bfr. 12 000,– pro Seite page rate für Farbe nach Vereinbarung for colour ask for details	1 Woche 1 week
alle Schichten all kinds	40 x 55,8 cm 4,9 cm	Rotation	bfr. 11,– pro Spalte/mm column/mm	2 Tage 2 days
Ober- und Mittelschicht upper and middle classes	86 25,9 x 31,8 cm 5,3 cm	Heliogravure	bfr. 28 500,– pro Seite page rate bfr. 46 500,– für Farbe for colour	7-11 Wochen 7-11 weeks
Ober - und Mittelschicht upper and middle classes	120 23 x 28,7 cm 4,9 cm	Heliogravure	bfr. 52 600,– pro Seite page rate bfr. 74 600,– für Farbe for colour	4-6 Wochen 4-6 weeks

Zeitung, politische Richtung	Anschrift	Auflage	Sprache, Erscheinungsweise
Newspaper, Political Trend	*Address*	*Circulation*	*Language, Frequency of Issue*
Le Soir unabhängig independent	112, rue Royale, **Bruxelles 1** Telex (02) 21817	278 540	französisch täglich French daily
Le Soir Illustre unabhängig independent	112, rue Royale, **Bruxelles 1** Telex 24298	74 000	französisch wöchentlich French weekly
Vers L'Avenir unabhängig independent	12, Bd. Ernest Melot, **Namur**	90 000	französisch täglich French daily
Het Volk unabhängig independent	22, Forelstraat, **Gent**	225 000	täglich daily
Volksgazet sozialdemokratisch social democratic	Somersstraat 22, **Antwerpen** Telex 03/115 - 116	92 000	niederländisch täglich Dutch daily
La Wallonie	55, rue de la Régence, **Liège**	62 500	französisch täglich French daily

Leserkreis / *Kind of Readers*	Seitenzahl, Format, Spalte / *Pages, Size, Column*	Druckverfahren, Bildraster / *Printing Method, Screen of Pictures*	Anzeigenpreis / *Price of Advertising*	Anzeigenschluß, ... vor Erscheinen / *Closing date ... before publication*
alle Schichten all kinds	20 - 40 41,9 x 57,5 cm	Typo 60	bfr. 119 600,– pro Seite page rate für Farbe nach Vereinbarung for colour ask for details	2 Tage 2 days
alle Schichten all kinds	64 - 112 23,5 x 30,6 cm	Heliogravure	bfr. 15 000,– pro Seite page rate bfr. 26 000,– für Farbe for colour	3-6 Wochen 3-6 weeks
alle Schichten all kinds	40 x 54 cm 5 cm	Rotation	bfr. 12,– pro Spalte/mm column/mm	2 Tage 2 days
alle Schichten all kinds	28 x 41,5 cm 5,4 cm	Rotation	bfr. 22,– pro Spalte/mm column/mm	2 Tage 2 days
alle Schichten all kinds	25 x 38 cm 5 cm	Rotation	bfr. 12,– pro Spalte/mm column/mm	2 Tage 2 days
Mittelschicht middle classes	14 36,8 x 54 cm 4,6 cm	Rotation 75	US-Dollar 605,– pro Seite page rate US-Dollar 40,– mehr/ plus für Farbe for colour	1 Tag 1 day

Belgien

Zeitung, politische Richtung *Newspaper, Political Trend*	Anschrift *Address*	Auflage *Circulation*	Sprache, Erscheinungsweise *Language, Frequency of Issue*
Zie Zondagsvriend Illustrierte Zeitschrift illustrated news	Nationalestraat 46, **Antwerpen**	125 000	flämisch wöchentlich Flemish weekly
Zondagmorgen unabhängig independent	Emiel Jacqmainlaan 127, **Bruxelles 1**	75 000	niederländisch Sonntag Dutch sunday
Zondag Nieuws illustrierte Zeitschrift illustrated news	105 - 107, Bd. Em. Jacqmain, **Bruxelles 1**	290 000	wöchentlich weekly

Leserkreis *Kind of* *Readers*	Seitenzahl, Format, Spalte *Pages, Size,* *Column*	Druckverfahren, Bildraster *Printing Method,* *Screen of* *Pictures*	Anzeigenpreis *Price of* *Advertising*	Anzeigenschluß, ... vor Erscheinen *Closing date* *... before* *publication*
alle Schichten all kinds	23,5 x 31,6 cm 5,2 cm	Rotation	bfr. 22 800,– pro Seite page rate	1 Woche 1 week
alle Schichten all kinds	18 41,5 x 59 cm 5 cm	typo	bfr. 7,– pro Spalte/mm column/mm 15% mehr/plus für Farbe for colour	8 Tage 8 days
alle Schichten all kinds	34,4 x 48,6 cm 4,4 cm	Rotation	bfr. 19,– pro Spalte/mm column/mm für Farbe nach Vereinbarung for colour ask for details	1 Woche 1 week

BULGARIEN / BULGARIA

Bulgarien

Zeitung, politische Richtung *Newspaper, Political Trend*	Anschrift *Address*	Auflage *Circulation*	Sprache, Erscheinungsweise *Language, Frequency of Issue*
Cooperativno Selo	**Sofia**	65 000	bulgarisch täglich Bulgarian daily
Otetschestven Front	**Sofia**	140 000	bulgarisch täglich Bulgarian daily
Vetscherni Novini	**Sofia**	60 000	bulgarisch täglich Bulgarian daily
Zemedelsko Zname	**Sofia**	110 000	bulgarisch täglich Bulgarian daily

Leserkreis	Seitenzahl, Format, Spalte	Druckverfahren, Bildraster	Anzeigenpreis	Anzeigenschluß, ... vor Erscheinen
Kind of Readers	*Pages, Size, Column*	*Printing Method, Screen of Pictures*	*Price of Advertising*	*Closing date ... before publication*
alle Schichten all kinds			Rückfrage erforderlich ask for details	1 Woche 1 week
alle Schichten all kinds			Rückfrage erforderlich ask for details	1 Woche 1 week
alle Schichten all kinds			Rückfrage erforderlich ask for details	1 Woche 1 week
alle Schichten all kinds			Rückfrage erforderlich ask for details	1 Woche 1 week

CSSR / CZECHOSLOVAKIA

CSSR

Zeitung, politische Richtung / *Newspaper, Political Trend*	Anschrift / *Address*	Auflage / *Circulation*	Sprache, Erscheinungsweise / *Language, Frequency of Issue*
Obrana lidu	**Praha**		tschechisch Czech täglich daily
Prace	**Praha**		tschechisch Czech täglich daily
Rude Pravo	**Praha**		tschechisch Czech täglich daily
Svobodne Slovo	**Praha**		tschechisch Czech täglich daily

Leserkreis	Seitenzahl, Format, Spalte	Druckverfahren, Bildraster	Anzeigenpreis	Anzeigenschluß, ... vor Erscheinen
Kind of Readers	*Pages, Size, Column*	*Printing Method, Screen of Pictures*	*Price of Advertising*	*Closing date ... before publication*
alle Schichten all kinds			Rückfrage erforderlich ask for details	2 Tage 2 days
alle Schichten all kinds			Rückfrage erforderlich ask for details	2 Tage 2 days
alle Schichten all kinds			Rückfrage erforderlich ask for details	1 Tag 1 day
alle Schichten all kinds			Rückfrage erforderlich ask for details	2 Tage 2 days

DÄNEMARK / DENMARK

Zeitung, politische Richtung	Anschrift	Auflage	Sprache, Erscheinungsweise
Newspaper, Political Trend	*Address*	*Circulation*	*Language, Frequency of Issue*
Aalborg Stiftstitende unabhängig, konservativ independent, conservative	Nytorv 7, **Aalborg** Telex 9747	54 000 83 000 am Wochenende weekend	dänisch Danish täglich daily
Alt for Damerne unabhängig, Frauen-Magazin independent, women's magazine	Vognmagergade 11, **1148 Kφbenhaven K**	152 000	dänisch Danish wöchentlich weekly
Billed Bladet unabhängig, Magazin independent, magazine	34 Pilestraede, **1147 Kφbenhaven K** Telex 9394	200 000	dänisch Danish wöchentlich weekly
Berlingske Aftenavis unabhängig, konservativ independent, conservative	34 Pilestraede, **1147 Kφbenhaven K** Telex 9394	19 400	dänisch Danish abends evening
Berlingske Tidende unabhängig, konservativ independent, conservative	34 Pilestraede **1147 Kφbenhaven K** Telex 9394	167 000 326 300 am Wochenende weekend	dänisch Danish morgens morning
Bφrsen Handels- und Schiffahrtsblatt commercial and shipping news	4 Raadhuspladsen **1550 Kφbenhaven V**	7 000	dänisch Danish täglich daily
B.T. unabhängig, konservativ independent, conservative	34 Pilestraede **1147 Kφbenhaven K** Telex 9394	186 000	dänisch Danish mittags noon

Leserkreis	Seitenzahl, Format, Spalte	Druckverfahren, Bildraster	Anzeigenpreis	Anzeigenschluß, ... vor Erscheinen
Kind of Readers	*Pages, Size, Column*	*Printing Method, Screen of Pictures*	*Price of Advertising*	*Closing date ... before publication*

Ortsansässige local population	36 - 64 36,2 x 53 cm	Kopierpresse letterpress 24	US$ 545.— - 668.— pro Seite, page rate US$ 953.— - 1170.— für Farbe, for colour	1 Tag 1 day
vorwiegend Frauen, women in general	104 18 x 25 cm 5,9 cm	Rotation	Kr 5800.— pro Seite, page rate Kr 9200.— für Farbe, for colour	7 Wochen 7 weeks für Farbe 9 Wochen for colour 9 weeks
alle Schichten all kinds	72 22,1 x 30,6 cm 5,1 cm		US$ 600.— pro Seite, page rate US$ 853.— für Farbe, for colour	6 Wochen 6 weeks für Farbe 9 Wochen for colour 9 weeks
Ober- und Mittelschicht upper and middle classes	12 - 18 35 x 53 cm 5 cm	Kopierpresse letterpress 65	US$ 618.— pro Seite, page rate US$ 1187.— für Farbe, for colour	1 Tag 1 day
Ober- und Mittelschicht upper and middle classes	40 - 104 37,6 x 54 cm 5 cm	Kopierpresse letterpress 65	US$ 1904.— - 2869.— pro Seite, page rate US$ 3443.— - 4889.— für Farbe, for colour	1 Tag 1 day
Wirtschaftskreise commercial groups	34,8 x 49,5 cm 5,8 cm	20 - 25	Kr 1.50 pro Spalte/mm column/mm	1 Tag 1 day
alle Schichten all kinds	40 - 48 26,7 x 37,4 cm 5 cm	Kopierpresse letterpress 65	US$ 840.— pro Seite, page rate US$ 1789.— für Farbe, for colour	1 Tag 1 day

Zeitung, politische Richtung	Anschrift	Auflage	Sprache, Erscheinungsweise
Newspaper, Political Trend	Address	Circulation	Language, Frequency of Issue
Ekstra Bladet unabhängig independent	Raadshuspladsen, **København V**	150 000	dänisch Danish täglich daily
Familie Journalen unabhängig independent	Vigerslev Alle 18, **2500 Valby** **København**	328 000	dänisch Danish wöchentlich weekly
Femina unabhängig independent	Vigerslev Alle 18 **2500 Valvy** **København**	90 000	dänisch Danish wöchentlich weekly
Hjemmet unabhängig, Familien- Magazin independent, family-magazine	Vognmagergade 11, **1148 København**	235 000	dänisch Danish dienstags tuesday
Jydske Tidende konservativ conservative	Jernbanegade 46, **Kolding** Telex 3240	34 000 45 000 am Wochen- ende weekend	dänisch Danish täglich daily
Naestved Tidende liberal	Ringstedgade 13, **4700 Naestved**	24 000	dänisch Danish täglich daily

Leserkreis *Kind of* *Readers*	Seitenzahl, Format, Spalte *Pages, Size,* *Column*	Druckverfahren, Bildraster *Printing Method,* *Screen of* *Pictures*	Anzeigenpreis *Price of* *Advertising*	Anzeigenschluß, ... vor Erscheinen *Closing date* *... before* *publication*
alle Schichten all kinds	25,5 x 36,1 cm 5,1 cm		Kr 2.90 pro Spalte/mm column/mm	1 Tag 1 day
alle Schichten all kinds	30 - 60 22 x 30,5 cm 4,5 cm		Kr 8300.– pro Seite, page rate Kr 11900.– für Farbe, for colour	7 Wochen 7 weeks für Farbe 9 Wochen for colour 9 weeks
alle Schichten all kinds	15 - 60 5,9 cm	Offset	Kr 2500.– pro Seite, page rate Kr 4000.– für Farbe, for colour	7 Wochen 7 weeks für Farbe 9 Wochen for colour 9 weeks
alle Schichten all kinds	22 x 30,5 cm 4,5 cm		Kr 6600.– pro Seite, page rate Kr 9600.– für Farbe, for colour	7 Wochen 7 weeks für Farbe 9 Wochen for colour 9 weeks
alle Schichten all kinds	36 x 51,8 cm 5 cm	Rotation	Kr 1.15 - 1.35 pro Spalte/mm column/mm 75% mehr/plus für Farbe, for colour	1 Tag 1 day sonntags sundays 2 days
alle Schichten all kinds	10 - 24	Rotation	US$ 406.– pro Seite, page rate US$ 650.– für Farbe, for colour	2 Tage 2 days

Dänemark

Zeitung, politische Richtung Newspaper, Political Trend	Anschrift Address	Auflage Circulation	Sprache, Erscheinungsweise Language, Frequency of Issue
Politiken unabhängig independent	Radhuspladsen **1585 Kφbenhaven K** Telex 6885	142 000 250 000 am Wochen- ende, week- end	dänisch Danish täglich daily
Se og Hφr unabhängig independent	Vigerslev Alle 18 **2500 Valby** **Kφbenhaven**	186 000	dänisch Danish wöchentlich weekly
Sjaellands Tidende unabhängig independent	Bredegade 12-14 **4200 Slagelse**	28 000	dänisch Danish täglich daily
Sondags-B.T. unabhängig, Magazin independent, magazine	34 Pilestraede, **1147 Kφbenhaven K** Telex 9394	248 000	dänisch Danish wöchentlich weekly
Tidens Kvinder unabhängig, Frauen-Magazin independent, women's magazine	H.C.Φrstedsvej 50 C **1879 Kφbenhaven V**	35 285	dänisch Danish wöchentlich weekly
Ude og Hjemme unabhängig independent	Vigerslev Alle 18, **2500 Valby** **Kφbenhaven**	108 000	dänisch Danish wöchentlich weekly

Leserkreis *Kind of Readers*	Seitenzahl, Format, Spalte *Pages, Size, Column*	Druckverfahren, Bildraster *Printing Method, Screen of Pictures*	Anzeigenpreis *Price of Advertising*	Anzeigenschluß, ... vor Erscheinen *Closing date ... before publication*
alle Schichten all kinds	35,7 x 51,6 5,1 cm		Kr 3.50 pro Spalte/mm column/mm	1 Tag 1 day
alle Schichten all kinds	19,5 x 26,5 cm 4,5 cm		Kr 4400.— pro Seite, page rate	2 Wochen 2 weeks
alle Schichten all kinds		Rotation	Kr 3150.— pro Seite, page rate Kr 630.— mehr/plus für Farbe, for colour	2 Tage 2 days
Ober- und Mittelschicht upper and middle classes	96 22,1 x 30,6 cm 5,1 cm		Kr 880.— pro Seite, page rate Kr 1253.— für Farbe, for colour	7 Wochen 7 weeks für Farbe 9 Wochen for colour 9 weeks
Frauen der Oberschicht women of the upper classes	64 21,2 x 28,6 cm 5 cm	Offset und Kopierpresse offset and letterpress 40 - 54	US$ 320.— pro Seite, page rate US$ 560.— für Farbe, for colour	5 Wochen 5 weeks
alle Schichten all kinds	55 22 x 30,5 cm 4,5 cm		Kr 3360.— pro Seite, page rate Kr 4500.— für Farbe, for colour	7 Wochen 7 weeks für Farbe 9 Wochen for colour 9 weeks

Zeitung, politische Richtung	Anschrift	Auflage	Sprache, Erscheinungsweise
Newspaper, Political Trend	*Address*	*Circulation*	*Language, Frequency of Issue*
Vendsyssel Tidende liberal	Østergade 11, **Hjørring** Telex 9787	30 000 34 000 sonntags sunday	dänisch Danish täglich daily
Vestkysten liberal	Banegardspladsen, **6700 Esbjerg** Telex 3323	49 000	dänisch Danish täglich daily

Leserkreis *Kind of* *Readers*	Seitenzahl, Format, Spalte *Pages, Size,* *Column*	Druckverfahren, Bildraster *Printing Method,* *Screen of* *Pictures*	Anzeigenpreis *Price of* *Advertising*	Anzeigenschluß, . . . vor Erscheinen *Closing date* *. . . before* *publication*
alle Schichten all kinds	22 35,7 x 51 cm 5,1 cm	Rotation 24	Kr 0.70 - 0.75 pro Spalte/mm column/mm 50% mehr/plus für Farbe, for colour	1 Tag 1 day Freitag für Sonntag friday for sunday
alle Schichten all kinds	28 35,7 x 53 cm 5,1 cm	Kopierpresse letterpress 25	US$ 522.— pro Seite, page rate US$ 823.— für Farbe, for colour	2 Tage 2 days

DEUTSCHLAND / GERMANY
Bundesrepublik Deutschland und West-Berlin
German Federal Republic and West Berlin

Zeitung, politische Richtung	Anschrift	Auflage	Sprache, Erscheinungsweise
Newspaper, Political Trend	*Address*	*Circulation*	*Language, Frequency of Issue*
Aachener Nachrichten unabhängig independent	**5100 Aachen** Postfach 16	50 000	deutsch German täglich daily
Aachener Volkszeitung unabhängig independent	**5100 Aachen** Theaterstr. 70 Telex 0832851	98 700	deutsch German täglich daily
Der Abend unabhängig independent	**1000 Berlin 30** Potsdamer Str. 87	74 500	deutsch German täglich daily
Abendpost/Nachtausgabe unabhängig independent	**6 Frankfurt/M** Frankenallee 71-81 Telex 0411655	118 000	deutsch German täglich daily
Abendpost/ Nachtausgabe zum Sonntag unabhängig independent	**6 Frankfurt/M** Frankenallee 71-81 Telex 04 11655	92800	deutsch German sonntags sunday
Die Abendzeitung unabhängig independent	**8 München 3** Postfach 99	300 000	deutsch German täglich daily
Acher- und Bühler Bote unabhängig independent	**7580 Bühl** Hauptstr. 55	18 000	deutsch German täglich daily

Leserkreis *Kind of Readers*	Seitenzahl, Format, Spalte *Pages, Size, Column*	Druckverfahren, Bildraster *Printing Method, Screen of Pictures*	Anzeigenpreis *Price of Advertising*	Anzeigenschluß, ... vor Erscheinen *Closing date ... before publication*
alle Schichten all kinds	34,7 x 48,3 cm 4,6 cm	Rotation 32	DM 2.50 pro Spalte/mm column/mm für Farbe nach Ver- einbarung, for colour ask for details	1 Tag 1 day
alle Schichten all kinds	33,5 x 47,8 cm 4,6 cm	Rotation	DM 4.75 pro Spalte/mm column/mm für Farbe nach Ver- einbarung, for colour ask for details	1 Tag 1 day
alle Schichten all kinds	28 x 42 cm 4,6 cm	Rotation	DM 4.75 pro Spalte/mm column/mm für Farbe nach Ver- einbarung, for colour ask for details	1 Tag 1 day
alle Schichten all kinds	37,5 x 52 cm 4,5 cm	Rotation 30	DM 7904.– pro Seite page rate, für 3 Farben DM 13312.–, for 3 colours	1 Tag 1 day
alle Schichten all kinds	25,3 x 36 cm 5 cm	Rotation 30	DM 2520 pro Seite page rate DM 4140 für 1 Farbe, for 1 colour	dienstags tuesday
alle Schichten all kinds	31,4 x 47,4 cm 4,9 cm	Rotation 25	DM 10285.– - 12940.– pro Seite, page rate, DM 24221.– für 4 Farben, for 4 colours	2 Tage 2 days
alle Schichten all kinds	36 x 47,4 cm 4,4 cm	Rotation	DM 1.50 pro Spalte/mm column/mm	2 Tage 2 days

Zeitung, politische Richtung	Anschrift	Auflage	Sprache, Erscheinungsweise
Newspaper, Political Trend	*Address*	*Circulation*	*Language, Frequency of Issue*
Aalener Volkszeitung unabhängig independent	7080 Aalen Bahnhofstr. 21	14500	deutsch German täglich daily
Amberger Volksblatt unabhängig independent	8450 Amberg Salzstadelplatz 5	16500	deutsch German täglich daily
Allgäuer Zeitung unabhängig independent	8960 Kempten Postfach 1129 Telex 054871	95 000	deutsch German täglich daily
Allgemeine Zeitung unabhängig independent	6500 Mainz Postfach 3120 Telex 04187854	110 000	deutsch German täglich daily
Allgemeine Zeitung der Lüneburger Heide unabhängig independent	3110 Uelzen Ringstr. 4 Telex 091326	19 000	deutsch German täglich daily
Augsburger Allgemeine unabhängig independent	89 Augsburg Ludwigstr. 2 Telex 053837	188 000	deutsch German morgens morning
Backnanger Kreiszeitung unabhängig independent	7150 Backnang Ölberg 1	13 500	deutsch German täglich daily

Leserkreis *Kind of Readers*	Seitenzahl, Format, Spalte *Pages, Size, Column*	Druckverfahren, Bildraster *Printing Method, Screen of Pictures*	Anzeigenpreis *Price of Advertising*	Anzeigenschluß, . . . vor Erscheinen *Closing date . . . before publication*
alle Schichten all kinds	33 x 48,7 cm 4,6 cm	Rotation	DM 2.30 pro Spalte/mm column/mm	1 Tag 1 day
alle Schichten all kinds	28 x 41 cm 4,6 cm	Rotation	DM 3.— pro Spalte/mm column/mm	1 Tag 1 day
alle Schichten all kinds	33,5 x 48,5 cm 4,6 cm	Rotation	DM 9.— pro Spalte/mm column/mm	1 Tag 1 day
alle Schichten all kinds	33 x 48 cm 4,6 cm	Rotation	DM 10.— pro Spalte/mm column/mm Für Farbe nach Ver- einbarung, for colour ask for details	1 Tag 1 day
alle Schichten all kinds	28 x 42 cm 4,6 cm	Rotation	DM 3.50 pro Spalte/mm column/mm	1 Tag 1 day
alle Schichten all kinds	33,5 x 48,5 cm 4,6 cm	Rotation bis 30	DM 14260.— pro Seite, page rate DM 22068.— für Farbe, for colour	1 Tag 1 day
alle Schichten all kinds	32,4 x 49 cm 4,5 cm	Rotation	DM 1.40 pro Spalte/mm column/mm	1 Tag 1 day

Zeitung, politische Richtung	Anschrift	Auflage	Sprache, Erscheinungsweise
Newspaper, Political Trend	*Address*	*Circulation*	*Language, Frequency of Issue*
Badische Neueste Nachrichten unabhängig independent	**75 Karlsruhe 1** Lammstr. 1 b - 5 Telex 07826960	155 500, 162 000 am Wochenende, weekend	deutsch German täglich daily
Badische Zeitung unabhängig independent	**7800 Freiburg** Basler Landstr. 8 Telex 0772820	132 000	deutsch German täglich daily
Badisches Tagblatt unabhängig independent	**7570 Baden-Baden** Stefanienstr. 3	36 000	deutsch German täglich daily
Balinger Volksfreund mit Ebinger Zeitung und Schmiecha-Zeitung (Tailfingen) unabhängig independent	**746 Balingen** Friedrichstr. 10 Telex 0763644	25 000	deutsch German täglich daily
Bergische Landeszeitung unabhängig independent	**507 Bergisch-Gladbach**	23 000	deutsch German täglich daily
Berliner Morgenpost unabhängig independent	**1 Berlin 61** Kochstr. 50 Telex 0183508	205 000 357 000 sonntags sunday	deutsch German morgens morning
Das Beste aus Reader's Digest unabhängig independent	**7 Stuttgart 1** Rotebühlplatz 1 Telex 0723539	1400 000	deutsch German monatlich monthly

Leserkreis *Kind of Readers*	Seitenzahl, Format, Spalte *Pages, Size, Column*	Druckverfahren, Bildraster *Printing Method, Screen of Pictures*	Anzeigenpreis *Price of Advertising*	Anzeigenschluß, ... vor Erscheinen *Closing date ... before publication*
alle Schichten all kinds	36 x 47,4 cm 7 cm	Buchdruck letterpress printing 28	DM 4548.— pro Seite, page rate für 2 Farben 40% mehr, for 2 colours plus 40%	1 Tag 1 day
alle Schichten all kinds	28 x 42 cm 4,6 cm	Rotation	DM 12.— pro Spalte/mm column/mm	1 Tag 1 day
alle Schichten all kinds	28,6 x 42 cm 4,6 cm	Rotation	DM 3.10 pro Spalte/mm column/mm für Farbe nach Ver- einbarung, for colour ask for details	1 Tag 1 day
alle Schichten all kinds	28 x 42 cm 5,4 cm	Rotation 30	DM 1386.— pro Seite, page rate für Farbe nach Ver- einbarung, for colour ask for details	1 Tag 1 day
alle Schichten all kinds	33,5 x 47 cm 4,6 cm	Rotation	DM 2.10 pro Spalte/mm column/mm	1 Tag 1 day
alle Schichten all kinds	24 39 x 57 cm 4,5 cm	Rotation 30	DM 12084.- - 16960.- pro Seite, page rate DM 22896.- - 27560.- für Farbe, for colour	1 Tag 1 day
alle Schichten all kinds	220 13,2 x 18,5 cm 5,4 cm	Rotation	DM 12000.— pro Seite, page rate DM 16200.— für 4 Farben, for 4 colours	45 Tage 45 days

Zeitung, politische Richtung	Anschrift	Auflage	Sprache, Erscheinungsweise
Newspaper, Political Trend	*Address*	*Circulation*	*Language, Frequency of Issue*
Bild-Zeitung unabhängig independent	**2000 Hamburg 36** Postfach 566 Telex 0212621	4520 000	deutsch German täglich daily
Bocholt-Borkener Volksblatt unabhängig independent	**4290 Bocholt** Nobelstr. 10	175 000	deutsch German täglich daily
Böblinger Bote unabhängig independent	**7030 Böblingen** Postfach 134	13 000	deutsch German täglich daily
Bonner Rundschau unabhängig independent	**53 Bonn-Godesberg** Postfach 302	60 000	deutsch German täglich daily
Braunschweiger Zeitung unabhängig independent	**3300 Braunschweig** Postfach 12	80 000	deutsch German täglich daily
Bremer Anzeiger unabhängig independent	**2800 Bremen** Postfach 1111	39 000	deutsch German wöchentlich weekly
Bremer Nachrichten unabhängig independent	**2800 Bremen** Postfach 34 Telex 0244720	54 000	deutsch German täglich daily

Leserkreis	Seitenzahl, Format, Spalte	Druckverfahren, Bildraster	Anzeigenpreis	Anzeigenschluß, . . . vor Erscheinen
Kind of Readers	Pages, Size, Column	Printing Method, Screen of Pictures	Price of Advertising	Closing date . . . before publication
alle Schichten all kinds	37,3 x 52 cm 4,5 cm	Rotation	nach Vereinbarung ask for details	1 Tag 1 day
alle Schichten all kinds	34 x 49 cm 4,6 cm	Rotation	DM 2.– pro Spalte/mm column/mm für Farbe nach Vereinbarung, for colour ask for details	1 Tag 1 day
alle Schichten all kinds	34,5 x 47 cm 4,6 cm	Rotation	DM 1.20 pro Spalte/mm column/mm	2 Tage 2 days
alle Schichten all kinds	33,5 x 47 cm 4,6 cm	Rotation	DM 5.– pro Spalte/mm column/mm für Farbe nach Vereinbarung, for colour ask for details	1 Tag 1 day
alle Schichten all kinds	28 x 42,5 cm 4,6 cm	Rotation	DM 8.– pro Spalte/mm column/mm für Farbe nach Vereinbarung, for colour ask for details	1 Tag 1 day
alle Schichten all kinds	29,1 x 43,5 cm 4,1 cm	Rotation	DM 3.50 pro Spalte/mm column/mm	1 Woche 1 week
alle Schichten all kinds	20 - 56 32,5 x 48 cm 6,3 cm	Rotation bis 30	DM 4469.– pro Seite page rate, DM 7392.– für 4 Farben, for 4 colours	1 Tag 1 day 6 Tage für Farbe 6 days for colour

Zeitung, politische Richtung	Anschrift	Auflage	Sprache, Erscheinungsweise
Newspaper, Political Trend	*Address*	*Circulation*	*Language, Frequency of Issue*
Brigitte Frauenzeitschrift magazine for women	**2 Hamburg 1** Pressehaus Telex 02161731	1154 850	deutsch German 14-tägig fortnightly
Bruchsaler Rundschau unabhängig independent	**752 Bruchsal**	18 000	deutsch German täglich daily
Bunte Illustrierte unabhängig independent	**76 Offenburg/Baden** Burda-Hochhaus Telex 0752838	1988 850	deutsch German wöchentlich weekly
Burgdorfer Kreisblatt unabhängig independent	**3167 Burgdorf** Marktstr. 14	14 000	deutsch German täglich daily
B.Z. unabhängig independent	**1 Berlin 61** Kochstr. 50 Telex 0183508	306 000 378 000 montags, monday	deutsch German täglich daily
Capital Wirtschafts-Magazin economic magazine	**2 Hamburg 1** Pressehaus Telex 02161757	93 600	deutsch German monatlich monthly
Cellesche Zeitung unabhängig independent	**3100 Celle** Bahnhofstr. 1-2 Telex 0925150	25 000	deutsch German täglich daily

Leserkreis *Kind of* *Readers*	Seitenzahl, Format, Spalte *Pages, Size,* *Column*	Druckverfahren, Bildraster *Printing Method,* *Screen of* *Pictures*	Anzeigenpreis *Price of* *Advertising*	Anzeigenschluß, ... vor Erscheinen *Closing date* *... before* *publication*
alle Schichten all kinds	178 25,5 x 33,2 cm 5 cm	Tiefdruck Rotogravure	DM 19170.— pro Seite, page rate DM 34500.— für 4 Farben, for 4 colours	7 Wochen 7 weeks
alle Schichten all kinds	36 x 47,4 cm 4,4 cm	Rotation	DM 1.80 pro Spalte/mm column/mm	2 Tage 2 days
alle Schichten all kinds	107 23,6 x 32 cm 5,4 cm	Tiefdruck rotogravure	DM 25550 pro Seite, page rate DM 44180.— für 4 Farben, for 4 colours	4 Wochen 4 weeks für Farbe 6 Wochen for colour 6 weeks
alle Schichten all kinds	28 x 42 cm 4,6 cm	Rotation	DM 2.— pro Spalte/mm column/mm	2 Tage 2 days
alle Schichten all kinds	38 24 x 36,6 cm 4,5 cm	Hochdruck high pressure 24	DM 5582.— - 7320.— pro Seite, page rate DM 10248.- - 12900.- für 4 Farben, for 4 colours	1 Tag 1 day
Mittelschicht middle classes	107 21,3 x 28 cm 5,4 cm	Offset	DM 6000.— pro Seite, page rate DM 10200.— für 4 Farben, for 4 colours	7 Wochen 7 weeks
alle Schichten all kinds	20 31,5 x 47 cm 6,8 cm	Rotation 32	DM 1940.— pro Seite, page rate für 2 Farben 50% mehr for 2 colours plus 50%	1 Tag 1 day

Zeitung, politische Richtung	Anschrift	Auflage	Sprache, Erscheinungsweise
Newspaper, Political Trend	*Address*	*Circulation*	*Language, Frequency of Issu*
Christ und Welt unabhängig independent	**7 Stuttgart-Sillenbuch** Aixheimer Str. 26 Telex 0723067	170 000	deutsch German freitags friday
Coburger Tageblatt unabhängig independent	**8630 Coburg** Mohrenstr. 17	21 000	deutsch German täglich daily
Darmstädter Echo unabhängig independent	**6100 Darmstadt** Holzhofallee 25-31 Telex 0419363	57 000 64 000 am Wochen- ende weekend	deutsch German täglich daily
Darmstädter Tagblatt unabhängig independent	**6100 Darmstadt** Postfach 220 Telex 04419221	21 000	deutsch German täglich daily
Deister- und Weserzeitung unabhängig independent	**3250 Hameln** Osterstr. 19	27 000	deutsch German täglich daily
Delmenhorster Kreisblatt unabhängig independent	**2870 Delmenhorst** Lange Str. 122 Telex 0244946	21 000	deutsch German täglich daily
Deutsche Tagespost katholisch catholic	**8700 Würzburg** Juliuspromenade 64 Telex 068862	20 000	deutsch German 3 x wöchentlich 3 x weekly

Leserkreis *Kind of Readers*	Seitenzahl, Format, Spalte *Pages, Size, Column*	Druckverfahren, Bildraster *Printing Method, Screen of Pictures*	Anzeigenpreis *Price of Advertising*	Anzeigenschluß, ... vor Erscheinen *Closing date ... before publication*
Ober- und Mittelschicht upper and middle classes	36 32,5 x 49 cm 4,5 cm	Rotation 28	DM 7550.— pro Seite, page rate DM 12690 für 4 Farben, for 4 colours	1 Woche 1 week
alle Schichten all kinds	12 - 28 27,6 x 41 cm 4,6 cm	Buchdruck letterpress printing	DM 1698.— pro Seite, page rate für Farbe nach Ver- einbarung, for colour ask for details	1 Tag 1 day
alle Schichten all kinds	24 - 48 33,4 x 47,2 cm 4,6 cm	Rotation	DM 4395.— pro Seite, page rate DM 7930.— für 4 Farben, for 4 colours	1 Tag 1 day
alle Schichten all kinds	33 x 48 cm 4,6 cm	Rotation	DM 3.— pro Spalte/mm column/mm für Farbe nach Ver- einbarung, for colour ask for details	1 Tag 1 day
alle Schichten all kinds	28 x 42 cm 4,5 cm	Rotation	DM 2.80 pro Spalte/mm column/mm	1 Tag 1 day
alle Schichten all kinds	27,8 x 42,8 cm 4,6 cm	Rotation	DM 1.80 pro Spalte/mm column/mm	1 Tag 1 day
vor allem Ka- tholiken mainly Catholics	31,5 x 45 cm 4,5 cm	Rotation	DM 2.80 pro Spalte/mm column/mm	1 Tag 1 day

Bundesrepublik Deutschland und West-Berlin

Zeitung, politische Richtung	Anschrift	Auflage	Sprache, Erscheinungsweise
Newspaper, Political Trend	*Address*	*Circulation*	*Language, Frequency of Issue*
Deutsches Allgemeines Sonntagsblatt unabhängig independent	**2000 Hamburg 13** Mittelweg 111 Telex 0212973	140 000	deutsch German wöchentlich weekly
Dithmarsche Landeszeitung unabhängig independent	**2240 Heide** Postfach 50	18 000	deutsch German täglich daily
Die gute Tat Zeitung für das Deutsche Rote Kreuz newspaper for the German Red Cross	**6 Frankfurt/M** Frankenallee 71-81 Telex 0411655	686 000	deutsch German vierteljährlich quarterly
DM unabhängig, Magazin independent, magazine	**6 Frankfurt/M** Hebelstr. 11 Telex 04 14418	214 400	deutsch German monatlich monthly
Donau Kurier unabhängig independent	**807 Ingolstadt** Donaustr. 11 Telex 55845	59 700	deutsch German täglich daily
Dürener Zeitung unabhängig independent	**516 Düren** Postfach	18 000	deutsch German täglich daily
Düsseldorfer Nachrichten unabhängig independent	**4000 Düsseldorf** Königsallee 27 Telex 08582837	116 000	deutsch German täglich daily

Leserkreis *Kind of* *Readers*	Seitenzahl, Format, Spalte *Pages, Size,* *Column*	Druckverfahren, Bildraster *Printing Method,* *Screen of* *Pictures*	Anzeigenpreis *Price of* *Advertising*	Anzeigenschluß, ... vor Erscheinen *Closing date* *... before* *publication*
Ober- und Mittelschicht upper and middle classes	30 34,5 x 56,4 cm 3,2 cm	Rotation	DM 7700.— pro Seite, page rate DM 14000.— für 4 Farben, for 4 colours	montags monday
alle Schichten all kinds	28 x 42 cm 4,6 cm	Rotation	DM 2.— pro Spalte/mm column/mm	1 Tag 1 day
alle Schichten all kinds	32 22,5 x 31 cm 5,4 cm	Rotation	DM 7360.— pro Seite, page rate DM 11770.— für 4 Farben, for 4 colours	40 Tage 40 days
Mittelschicht middle classes	100 18,5 x 24,8 cm 5,8 cm	Offset	DM 4560.— pro Seite, page rate DM 8210.— für 4 Farben, for 4 colours	4 Wochen 4 weeks
alle Schichten all kinds	20 27,8 x 42 cm 4,6 cm	Rotation	DM 3400.— pro Seite, page rate DM 5800 für 4 Farben, for 4 colours	1 Tag 1 day
alle Schichten all kinds	33,5 x 47,8 cm 4,6 cm	Rotation	DM 1.50 pro Spalte/mm column/mm	1 Tag 1 day
alle Schichten all kinds	29,5 x 42,6 cm 4,6 cm	Rotation	DM 12.50 pro Spalte/mm für Farbe nach Ver- einbarung, for colour ask for details	1 Tag 1 day

Zeitung, politische Richtung	Anschrift	Auflage	Sprache, Erscheinungsweise
Newspaper, Political Trend	*Address*	*Circulation*	*Language, Frequency of Issue*
Eltern unabhängig independent	**8 München 80** Lucile-Grahn-Str. 37 Telex 05283234	1200 000	deutsch German monatlich monthly
Epoca unabhängig independent	**8 München** Postfach	140 000	deutsch German monatlich monthly
Er – Das Herrenmagazin unabhängig independent	**4 Düsseldorf** Königsallee 100 Telex 08581932	63 100	deutsch German monatlich monthly
Esslinger Zeitung unabhängig independent	**73 Esslingen** Zeppelinstr. 116	35 000	deutsch German täglich daily
Express unabhängig independent	**5 Köln** Breite Str. 70 Telex 08882361	220 000	deutsch German täglich daily
Flensburger Tageblatt unabhängig independent	**239 Flensburg** Postfach 88 Telex 02 2874	68 000	deutsch German morgens morning

Leserkreis *Kind of Readers*	Seitenzahl, Format, Spalte *Pages, Size, Column*	Druckverfahren, Bildraster *Printing Method, Screen of Pictures*	Anzeigenpreis *Price of Advertising*	Anzeigenschluß, ... vor Erscheinen *Closing date ... before publication*
alle Schichten all kinds	232 25 x 28 cm 2,8 cm	Tiefdruck rotogravure	DM 18690.— pro Seite, page rate DM 32700.— für 4 Farben, for 4 colours	9 Wochen 11 Wochen für Farbe 9 weeks 11 weeks for colour
Ober- und Mittelschicht upper and middle classes	23,6 x 29 cm 4,5 cm	Tiefdruck rotogravure	DM 5150.— pro Seite, page rate DM 9400.— für 3 Farben, for 3 colours	6 Wochen 6 weeks
Ober- und Mittelschicht upper and middle classes	100 17,8 x 25,2 cm	Offset	DM 5100.— pro Seite, page rate DM 8670.— für 4 Farben, for 4 colours	5 Wochen 5 weeks für Farbe 7 Wochen for colour 7 weeks
alle Schichten all kinds	16 31,5 x 47 cm 6,3 cm	Rotation	DM 2303.— pro Seite, page rate DM 4606.— für 4 Far- ben, for 4 colours	3 Tage 3 days
alle Schichten all kinds	28 x 42 cm 4,6 cm	Rotation	DM 13.— pro Spalte/mm column/mm für Farbe nach Ver- einbarung, for colour ask for details	1 Tag 1 day
alle Schichten all kinds	18 - 20 37,3 x 51 cm 6 cm	Rotation	DM 5990.- pro Seite, page rate DM 10200 für 4 Far- ben, for 4 colours	1 Tag 1 day

Zeitung, politische Richtung	Anschrift	Auflage	Sprache, Erscheinungsweise
Newspaper, Political Trend	_Address_	_Circulation_	_Language, Frequency of Issue_
Fränkisches Volksblatt katholisch catholic	**8700 Würzburg** Postfach 1066 Telex 068862	34 000	deutsch German täglich daily
Frankenpost unabhängig independent	**867 Hof/Saale** Postfach 9-11	73 500 82 000 samstags weekend	deutsch German 4 x wöchentlich 4 x weekly
Frankfurter Allgemeine Zeitung unabhängig independent	**6 Frankfurt/M** Hellerhofstr. 2-4 Telex 041223	316 500 378 000 samstags weekend	deutsch German täglich daily
Frankfurter Neue Presse unabhängig independent	**6 Frankfurt/M** Frankenallee 71-81 Telex 0411655	160 000	deutsch German täglich daily
Frankfurter Rundschau unabhängig independent	**6 Frankfurt/M** Postfach 3685 Teles 0411651	166 000	deutsch German täglich daily
Frau, Aktuelle Illustrierte unabhängig independent	**4 Düsseldorf** Adlerstr. 22 Telex 08587669	446 000	deutsch German wöchentlich weekly
Freundin unabhängig independent	**76 Offenburg/Baden** Burda-Hochhaus Telex 0752838	693 700	deutsch German 14-tägig fortnightly

Leserkreis Kind of Readers	Seitenzahl, Format, Spalte Pages, Size, Column	Druckverfahren, Bildraster Printing Method, Screen of Pictures	Anzeigenpreis Price of Advertising	Anzeigenschluß, ... vor Erscheinen Closing date ... before publication
alle Schichten all kinds	31,5 x 45 cm 4,5 cm	Rotation	DM 4.70 pro Spalte/mm column/mm	1 Tag 1 day
alle Schichten all kinds	19 32,2 x 49 cm 4,6 cm	Rotation	DM 4290.— pro Seite, page rate	1 Tag 1 day
Ober- und Mittelschicht	48 - 56 40 x 57 cm 4,5 cm	Rotation 24	DM 14560.— - 16225.— pro Seite, page rate	1 Tag 1 day
alle Schichten all kinds	24 37,5 x 52 cm 4,5 cm	Rotation 24 - 28	DM 9780.— pro Seite, page rate DM 14560.— für 4 Farben, for 4 colours	1 Tag 1 day
alle Schichten all kinds	35 x 52 cm 4,2 cm	Rotation	DM 14.— pro Spalte/mm column/mm	1 Tag 1 day
Mittelschicht middle classes	40 22,2 x 30,8 cm 4,7 cm	Tiefdruck rotogravure	DM 3516.— pro Seite, page rate DM 6505.— für 4 Far- ben, for 4 colours	26 Tage 26 days
alle Schichten all kinds	106 23,7 x 32,6 cm 5,4 cm	Rotation	DM 9890.— pro Seite, page rate DM 17800.— für 4 Farben, for 4 colours	6 Wochen 6 weeks für Farbe 8 Wochen for colour 8 weeks

Bundesrepublik Deutschland und West-Berlin

Zeitung, politische Richtung	Anschrift	Auflage	Sprache, Erscheinungsweise
Newspaper, Political Trend	*Address*	*Circulation*	*Language, Frequency of Issue*
Für Sie unabhängig independent	**2 Hamburg 39** Possmoorweg 1 Telex 213214	1 295 000	deutsch German 14-tägig fortnightly
Fürther Nachrichten unabhängig independent	**851 Fürth** Postfach	32 500	deutsch German täglich daily
Fuldaer Zeitung unabhängig independent	**6400 Fulda** Peterstor 18	31 000	deutsch German täglich daily
General-Anzeiger für Bonn und Umgebung unabhängig independent	**53 Bonn-Godesberg** Postfach 9	60 000	deutsch German täglich daily
General-Anzeiger der Stadt Wuppertal unabhängig independent	**56 Wuppertal-** Elberfeld Pressehaus am Otto-Hausmann- Ring Telex 08591841	76 000 95 000 samstags weekend	deutsch German täglich daily
Gießener Allgemeine unabhängig independent	**6300 Gießen** Marburger Str. 20	35 000	deutsch German täglich daily

Leserkreis *Kind of Readers*	Seitenzahl, Format, Spalte *Pages, Size, Column*	Druckverfahren, Bildraster *Printing Method, Screen of Pictures*	Anzeigenpreis *Price of Advertising*	Anzeigenschluß, ... vor Erscheinen *Closing date ... before publication*
vor allem Frauen mainly women	22 x 29,5 cm 4,9 cm	Tiefdruck rotogravure	DM 20400.— pro Seite, page rate DM 36720.— für 4 Farben, for 4 colours	20 Tage 20 days für Farbe 10 Wochen 10 weeks for colour
alle Schichten all kinds	28 x 42 cm 4,6 cm	Rotation	DM 3.20 pro Spalte/mm column/mm	1 Tag 1 day
alle Schichten all kinds	31,5 x 50 cm 4,5 cm	Rotation	DM 3.— pro Spalte/mm column/mm	1 Tag 1 day
alle Schichten all kinds	32,6 x 47 cm 4,6 cm	Rotation	DM 5.30 pro Spalte/mm column/mm für Farbe nach Ver- einbarung, for colour ask for details	1 Tag 1 day
alle Schichten all kinds	20 - 76 29,5 x 43,5 cm 4,6 cm	Rotation 26	DM 4860.— pro Seite, page rate DM 8690.— für 4 Far- ben, for 4 colours	1 Tag 1 day für Farbe 10 Tage for colour 10 days
alle Schichten all kinds	27,5 x 41,5 cm 4,5 cm	Rotation	DM 4.50 pro Spalte/mm column/mm	1 Tag 1 day

Zeitung, politische Richtung	Anschrift	Auflage	Sprache, Erscheinungsweise
Newspaper, Political Trend	*Address*	*Circulation*	*Language, Frequency of Issue*
Gießener Anzeiger unabhängig independent	**63 Gießen** Schulstr. 2 Telex 0482859	45 000	deutsch German täglich daily
Die Glocke unabhängig independent	**474 Oelde** Postfach 165 Telex 08921643	46 600	deutsch German täglich daily
Göttinger Tageblatt unabhängig independent	**34 Göttingen** Prinzenstr. 10/12 Telex 096800	48 000	deutsch German täglich daily
Goslarsche Zeitung unabhängig independent	**3380 Goslar** Bäckerstr. 31 Telex 0953800	20 000	deutsch German täglich daily
Hamburger Abendblatt unabhängig independent	**2000 Hamburg 36** Kaiser-Wilhelm-Str. 6 Telex 0211898	315 000	deutsch German täglich daily
Hamburger Morgenpost unabhängig independent	**2000 Hamburg 1** Speersort 1 Telex 02161168	355 000	deutsch German morgens morning

Leserkreis / Kind of Readers	Seitenzahl, Format, Spalte / Pages, Size, Column	Druckverfahren, Bildraster / Printing Method, Screen of Pictures	Anzeigenpreis / Price of Advertising	Anzeigenschluß, ... vor Erscheinen / Closing date ... before publication
alle Schichten all kinds	16 - 20 28 x 42 cm 4,6 cm	Rotation 32	DM 3175 pro Seite, page rate DM 5600 für 2 Farben, for 2 colours	1 Tag 1 day
alle Schichten all kinds	24 28 x 42,6 cm 4,6 cm	Rotation 34	DM 2940.– pro Seite, page rate	1 Tag 1 day
alle Schichten all kinds	16 28 x 42 cm 4,6 cm	Rotation bis 30	DM 2775.– pro Seite, page rate, für 2 Farben 33,3% mehr, for 2 colours plus 33,3%	1 Tag 1 day
alle Schichten all kinds	28 x 42 cm 4,6 cm	Rotation	DM 2.20 pro Spalte/mm column/mm	1 Tag 1 day
alle Schichten all kinds	37,3 x 52 cm 4,6 cm	Rotation	DM 19,50 pro Spalte/mm column/mm für Farbe nach Vereinbarung, for colour ask for details	1 Tag 1 day
alle Schichten all kinds	27,8 x 42 cm 4,6 cm	Rotation	DM 15.– pro Spalte/mm column/mm für Farbe nach Vereinbarung, for colour ask for details	1 Tag 1 day

Zeitung, politische Richtung *Newspaper, Political Trend*	Anschrift *Address*	Auflage *Circulation*	Sprache, Erscheinungsweise *Language, Frequency of Issue*
Handelsblatt Deutsche Wirtschaftszeitung — **Industriekurier** — unabhängig, Wirtschaftszeitung independent, economic news	**4 Düsseldorf** Kreuzstr. 21 Handelsblatthaus	70 000	deutsch German täglich daily
Hannoversche Allgemeine Zeitung unabhängig independent	**3000 Hannover 1** Goseriede 9 Telex 0922833	165 000	deutsch German täglich daily
Hannoversche Presse unabhängig independent	**3000 Hannover** Pressehaus Telex 0922792	145 000	deutsch German täglich daily
Hannoversche Rundschau unabhängig independent	**3000 Hannover** Georgstr. 19 Telex 0922157	31 000	deutsch German täglich daily
Harburger Anzeigen und Nachrichten unabhängig independent	**21 Hamburg** **90 Harburg** Sand 18-22 Telex 0213326	32 000	deutsch German täglich daily
Heilbronner Stimme unabhängig independent	**7100 Heilbronn** Allee 2 Telex 0728729	80 000	deutsch German täglich daily
Hessische Allgemeine unabhängig independent	**35 Kassel** Pressehaus Telex 099635	150 000	deutsch German täglich daily

Leserkreis *Kind of Readers*	Seitenzahl, Format, Spalte *Pages, Size, Column*	Druckverfahren, Bildraster *Printing Method, Screen of Pictures*	Anzeigenpreis *Price of Advertising*	Anzeigenschluß, . . . vor Erscheinen *Closing date . . . before publication*
Ober- und Mittelschicht upper and middle classes	23 32,5 x 48 cm 4,5 cm	Rotation bis 25	DM 10752.— pro Seite, page rate DM 13776.— - 19152.— für 1 - 4 Farben for 1 - 4 colours	1 Tag 1 day für Farben 3 - 5 Tage for colours 3 - 5 days
alle Schichten all kinds	28,3 x 42,5 cm 4,6 cm	Rotation	DM 11.50 pro Spalte/mm column/mm	1 Tag 1 day
alle Schichten all kinds	31,7 x 47,2 cm 4,6 cm	Rotation	DM 8620.— pro Seite, page rage DM 14240 für 4 Farben, for 4 colours	1 Tag 1 day
alle Schichten all kinds	28 x 42 cm 4,6 cm	Rotation	DM 4.50 pro Spalte/mm column/mm	1 Tag 1 day
alle Schichten all kinds	18 - 20 31,5 x 47 cm 4,6 cm	Rotation bis 30	DM 1402.— pro Seite, page rate	1 Tag 1 day
alle Schichten all kinds	32,6 x 49 cm 4,6 cm	Rotation	DM 7.50 pro Spalte/mm column/mm	1 Tag 1 day
alle Schichten all kinds	24 32 x 44 cm 4,4 cm	Rotation	DM 7330.— pro Seite, page rate DM 13090.— für 4 Farben, for 4 colours	1 Tag 1 day

Zeitung, politische Richtung	Anschrift	Auflage	Sprache, Erscheinungsweise
Newspaper, Political Trend	*Address*	*Circulation*	*Language, Frequency of Issue*

Hildesheimer Allgemeine Zeitung unabhängig independent	**3200 Hildesheim** Rathausstr. 18 Telex 09271108	38 000	deutsch German täglich daily

Industriekurier → **Handelsblatt**

Jasmin unabhängig independent	**8 München 80** Lucile-Grahn-Str.37 Telex 05283231	1 600 000	deutsch German 14-tägig fortnightly
Kieler Nachrichten unabhängig independent	**23 Kiel 1** Fleethörn 1 Telex 0292768	111 000	deutsch German täglich daily
Kölner Stadt-Anzeiger unabhängig independent	**5 Köln** Breite Str. 70 Pressehaus Telex 08882361	200 000, 235 000 samstags, weekend	deutsch German täglich daily
Kölnische Rundschau unabhängig independent	**5 Köln 1** Stolkgasse 25 Telex 088822687	172 000	deutsch German täglich daily
Lady International unabhängig independent	**7750 Konstanz** Neuhauser Str. 21 Telex 0733271	44 250	deutsch französisch englisch German French English

Leserkreis *Kind of Readers*	Seitenzahl, Format, Spalte *Pages, Size, Column*	Druckverfahren, Bildraster *Printing Method, Screen of Pictures*	Anzeigenpreis *Price of Advertising*	Anzeigenschluß, ... vor Erscheinen *Closing date ... before publication*
alle Schichten all kinds	28 x 42,5 cm 4,6 cm	Rotation	DM 4.30 pro Spalte/mm column/mm	1 Tag 1 day
Mittelschicht middle classes	200 32,5 x 31 cm	Tiefdruck rotogravure	DM 23840.— pro Seite, page rate DM 41720 für 4 Far- ben, for 4 colours	7 Wochen 7 weeks für Farbe 9 Wochen for colour 9 weeks
alle Schichten all kinds	30 30 x 42,5 cm 4,6 cm	Rotation 30	DM 5355.— pro Seite, page rate DM 8798.— für 4 Far- ben, for 4 colours	1 Tag 1 day
alle Schichten all kinds	48 28 x 42 cm 4,6 cm	Rotation 18, 24, 30	DM 8820.— pro Seite, page rate DM 16760.— für 4 Far- ben, for 4 colours	2-3 Tage 2-3 days
alle Schichten all kinds	33,5 x 47 cm 4,6 cm	Rotation	DM 15.— pro Spalte/mm für Farbe nach Verein- barung, for colour ask for details	1 Tag 1 day
Ober- und Mittelschicht upper and middle classes	130 19,9 x 28,9 cm	Buchdruck letterpress	DM 2800.— pro Seite, page rate DM 4480.— für 4 Far- ben, for 4 colours	6 Wochen 6 weeks für Farbe 8 Wochen for colour 8 weeks

Zeitung, politische Richtung *Newspaper,* *Political Trend*	Anschrift *Address*	Auflage *Circulation*	Sprache, Erscheinungsweise *Language,* *Frequency of Issue*
Landeszeitung für die **Lüneburger Heide** unabhängig independent	**314 Lüneburg** Am Sande 18 u. 21	25 000	deutsch German täglich daily
Lippische Landeszeitung unabhängig independent	**4930 Detmold** Postfach 135	37 000	deutsch German täglich daily
Ludwigsburger Kreiszeitung unabhängig independent	**7140 Ludwigsburg** Körnerstr. 16	38 000	deutsch German täglich daily
Lübecker Nachrichten unabhängig independent	**24 Lübeck** Königstr. 55/57 Telex 026801	96 000	deutsch German täglich daily
Madame unabhängig independent	**8 München 2** Altheimer Eck 13 Telex 0522745	75 000	deutsch German monatlich monthly
Main-Echo unabhängig independent	**8750 Aschaffenburg** Goldbacher Str. 27 Telex 04188837	65 500	deutsch German täglich daily
Main-Post mit Schweinfurter **Tagblatt** unabhängig independent	**87 Würzburg** Plattnerstr. 14 Telex 068845	114 000	deutsch German täglich daily

Leserkreis _Kind of Readers_	Seitenzahl, Format, Spalte _Pages, Size, Column_	Druckverfahren, Bildraster _Printing Method, Screen of Pictures_	Anzeigenpreis _Price of Advertising_	Anzeigenschluß, ... vor Erscheinen _Closing date ... before publication_
alle Schichten all kinds	24 28 x 42 cm 4,6 cm	Rotation	DM 1588.— pro Seite, page rate DM 2520.— für 2 Far- ben, for 2 colours	1 Tag 1 day
alle Schichten all kinds	32,2 x 49 cm 4,5 cm	Rotation	DM 4.50 pro Spalte/mm column/mm	1 Tag 1 day
alle Schichten all kinds	32,5 x 47 cm 4,5 cm	Rotation	DM 4.50 pro Spalte/mm column/mm	1 Tag 1 day
alle Schichten all kinds	18 - 60 33 x 49 cm 4,6 cm	Rotation	DM 5695.— pro Seite, page rate DM 9435.— für 4 Far- ben, for 4 colours	1 Tag 1 day
Oberschicht upper classes	152 19,9 x 28,9 cm 4,5 cm	Buchdruck letterpress 54	DM 4500.— pro Seite, page rate DM 7200 für 4 Farben for 4 colours,	4 Wochen 4 weeks für Farbe 6 Wochen for colour 6 weeks
alle Schichten all kinds	36,8 x 48 cm 4,6 cm	Rotation	DM 5.75 pro Spalte/mm column/mm	1 Tag 1 day
alle Schichten all kinds	20 31,5 x 45 cm 4,4 cm	Rotation 34	DM 5072.— pro Seite, page rate DM 7088 für 4 Far- ben, for 4 colours	1 Tag 1 day

Zeitung, politische Richtung	Anschrift	Auflage	Sprache, Erscheinungsweise
Newspaper, Political Trend	*Address*	*Circulation*	*Language, Frequency of Issue*
Mannheimer Morgen unabhängig independent	**68 Mannheim 1** Am Marktplatz Telex 0462171	181 000	deutsch German täglich daily
Merian Magazin für Kultur und Tourismus magazine for culture and tourisme	**2 Hamburg 39** Possmoorweg 1		deutsch German monatlich monthly
Mindener Tagblatt mit Bote an der Weser unabhängig independent	**495 Minden/Westf.** Obermarktstr. 26-30 Telex 097831	28 000	deutsch German täglich daily
Mittelbayerische Zeitung unabhängig independent	**84 Regensburg 2** Postfach 178 Telex 065841	86 000	deutsch German täglich daily
Moderne Frau unabhängig, Frauenzeitschrift independent, women news	**2 Hamburg 39** Possmoorweg 1 Telex 0213214	480 300	deutsch German 14-tägig fortnightly
Münchner Merkur unabhängig independent	**8 München 3** Bayerstr. 57 Telex 0522100	180 000	deutsch German täglich daily

Leserkreis *Kind of Readers*	Seitenzahl, Format, Spalte *Pages, Size, Column*	Druckverfahren, Bildraster *Printing Method, Screen of Pictures*	Anzeigenpreis *Price of Advertising*	Anzeigenschluß, ... vor Erscheinen *Closing date ... before publication*
alle Schichten all kinds	34 32,5 x 46,5 cm 6,5 cm	Rotation bis 28	DM 10190.– pro Seite, page rate	1-2 Tage 1-2 days
Mittelschicht middle classes	106 16,9 x 32,1 cm	Buchdruck letterpress	DM 5830.– pro Seite, page rate DM 10495.– für 4 Farben, for 4 colours	1 Monat 1 month für Farbe 10 Wochen for colour 10 weeks
alle Schichten all kinds	24 28 x 42 cm 6,8 cm	Buchdruck letterpress	DM 1563.– pro Seite, page rate DM 2898.– für 4 Far- ben, for 4 colours	1 Tag 1 day
alle Schichten all kinds	20 28 x 41 cm 4,6 cm	Rotation	DM 4430.– pro Seite, page rate DM 7750 für 4 Far- ben, for 4 colours	1 Tag 1 day
Mittelschicht middle classes	102 21,5 x 28,8 cm 4,8 cm	Tiefdruck rotogravure	DM 9400.– pro Seite, page rate DM 16920.– für 4 Farben, for 4 colours	6 Wochen 6 weeks für Farbe 10 Wochen for colour 10 weeks
alle Schichten all kinds	32 x 45,6 cm 4,5 cm	Rotation	DM 15.50 pro Spalte/mm column/mm für Farbe nach Ver- einbarung, for colour ask for details	1 Tag 1 day

Zeitung, politische Richtung	Anschrift	Auflage	Sprache, Erscheinungsweise
Newspaper, Political Trend	*Address*	*Circulation*	*Language, Frequency of Issue*
Münsterländische Tageszeitung unabhängig independent	**4590 Cloppenburg** Postfach 49	13 000	deutsch German täglich daily
Münstersche Zeitung unabhängig independent	**4400 Münster** Neubrückenstr. 8 Telex 0892810	68 000	deutsch German täglich daily
Nacht-Depesche unabhängig independent	**1 Berlin 33** Bismarckplatz 1 Telex 0183756	52 000	deutsch German abends evening
Nahe-Zeitung unabhängig independent	**6588 Birkenfeld/Nahe**	18 000	deutsch German täglich daily
Der neue Tag, Oberpfälzer Kurier unabhängig independent	**848 Weiden/Opf.** Ringstr. 3-5 Telex 06388C	60 000	deutsch German täglich daily
Neue Osnabrücker Zeitung unabhängig independent	**4500 Osnabrück** Große Str. 17 Telex 094723	187 000	deutsch German täglich daily
Neue Presse unabhängig independent	**8630 Coburg** Friedrich-Rückert-Str. 73 Telex 0663234	26 000	deutsch German täglich daily

Leserkreis *Kind of Readers*	Seitenzahl, Format, Spalte *Pages, Size, Column*	Druckverfahren, Bildraster *Printing Method, Screen of Pictures*	Anzeigenpreis *Price of Advertising*	Anzeigenschluß, ... vor Erscheinen *Closing date ... before publication*
alle Schichten all kinds	29,5 x 42,6 cm 4,6 cm	Rotation	DM 1.20 pro Spalte/mm column/mm	1 Tag 1 day
alle Schichten all kinds	30,5 x 42,6 cm 4,6 cm	Rotation	DM 6.— pro Spalte/mm column/mm	1 Tag 1 day
alle Schichten all kinds	28 x 42 cm 4,6 cm	Rotation	DM 1.90 pro Spalte/mm column/mm	1 Tag 1 day
alle Schichten all kinds	21,4 x 30 cm 4,9 cm	Rotation	DM 0.35 pro Spalte/mm column/mm	1 Tag 1 day
alle Schichten all kinds	27,8 x 41 cm 4,6 cm	Rotation	DM 3075.— pro Seite, page rate DM 5904.— für 4 Farben, for 4 colours	1 Tag 1 day für Farbe 3 Tage for colour 3 days
alle Schichten all kinds	4,6 cm	Rotation	DM 12.50 pro Spalte/mm column/mm	1 Tag 1 day
alle Schichten all kinds	34,5 x 50 cm 4,5 cm	Hochdruck high pressure bis 30	DM 2490.— pro Seite, page rate	1 Tag 1 day

Zeitung, politische Richtung	Anschrift	Auflage	Sprache, Erscheinungsweise
Newspaper, Political Trend	*Address*	*Circulation*	*Language, Frequency of Issue*
Neue Revue unabhängig independent	**2 Hamburg** Postfach	1 970 000	deutsch German wöchentlich weekly
Neue Welt unabhängig independent	**4 Düsseldorf** Adlerstr. 22 ·Telex 08587669	843 300	deutsch German wöchentlich weekly
Neue Westfälische unabhängig independent	**4800 Bielefeld** Postfach 26	174 000	deutsch German täglich daily
Neue Württembergische Zeitung unabhängig independent	**7320 Göppingen** Postfach 1469 Telex 0727881	130 000	deutsch German täglich daily
Niedersächsisches Tageblatt unabhängig independent	**3140 Lüneburg** Am Sande 31	123 000	deutsch German täglich daily
Nordbayerischer Kurier unabhängig independent	**8580 Bayreuth** Am Jägerhaus 2	38 000	deutsch German täglich daily
Norddeutsche Rundschau unabhängig independent	**221 Itzehoe** Rundschauhaus Telex 028264	27 000	deutsch German täglich daily

Leserkreis *Kind of Readers*	Seitenzahl, Format, Spalte *Pages, Size, Column*	Druckverfahren, Bildraster *Printing Method, Screen of Pictures*	Anzeigenpreis *Price of Advertising*	Anzeigenschluß, ... vor Erscheinen *Closing date ... before publication*
alle Schichten all kinds	23,6 x 31,6 cm 5,5 cm	Rotation	DM 25080.— pro Seite, page rate DM 45150.— für 3 Farben, for 3 colours	1 Woche 1 week
alle Schichten all kinds	20 34,4 x 48 cm 4,6 cm	Buchdruck letterpress	DM 16130.— pro Seite, page rate DM 32520.— für 4 Farben, for 4 colours	13 Tage 13 days
alle Schichten all kinds	4,6	Rotation	DM 14.80 pro Spalte/mm column/mm für Farbe nach Vereinbarung, for colour ask for details	1 Tag 1 day
alle Schichten all kinds	4,6 cm	Rotation	DM 12.50 pro Spalte/mm column/mm	1 Tag 1 day
alle Schichten all kinds	28 x 42 cm 4,6 cm	Rotation	DM 17.50 pro Spalte/mm column/mm	1 Tag 1 day
alle Schichten all kinds	28 x 41 cm 4,6 cm	Rotation	DM 4.— pro Spalte/mm column/mm	1 Tag 1 day
alle Schichten all kinds	20 32,5 x 48 cm 5,4 cm	Offset bis 48	DM 2250.— pro Seite, page rate DM 4370.— für 4 Farben, for 4 colours	1 Tag 1 day

Zeitung, politische Richtung	Anschrift	Auflage	Sprache, Erscheinungsweise
Newspaper, Political Trend	*Address*	*Circulation*	*Language, Frequency of Issue*
Nordsee-Zeitung / Nordwest-deutsche Zeitung unabhängig independent	**2850 Bremerhaven 3** Postfach 3164-66 Telex 238761	55 000	deutsch German täglich daily
Nordwest-Zeitung unabhängig independent	**2900 Oldenburg** Peterstr. 28 Telex 025878	200 000	deutsch German täglich daily
NRZ unabhängig independent	**4300 Essen** Sachsenstr. 30	273 000	deutsch German täglich daily
Nürnberger Nachrichten unabhängig independent	**8500 Nürnberg** Marienplatz 1/5 Telex 0622339	260 100, 294 200 samstags weekend	deutsch German täglich daily
Oberbayerisches Volksblatt unabhängig independent	**8200 Rosenheim** Prinzregentenstr. 2 Telex 0525804	60 000	deutsch German täglich daily
Oberhessische Presse unabhängig independent	**355 Marburg/Lahn** Markt 21 Telex 0482322	26 000	deutsch German täglich daily
Offenbach-Post unabhängig independent	**6050 Offenbach** Postfach 164 Telex 04152864	52 000	deutsch German täglich daily

Leserkreis *Kind of Readers*	Seitenzahl, Format, Spalte *Pages, Size, Column*	Druckverfahren, Bildraster *Printing Method, Screen of Pictures*	Anzeigenpreis *Price of Advertising*	Anzeigenschluß, ... vor Erscheinen *Closing date ... before publication*
alle Schichten all kinds	22 32,5 x 48 cm 4,6 cm	Rotation	DM 3830.– pro Seite, page rate DM 6215 für 4 Farben, for 4 colours	1 Tag 1 day
alle Schichten all kinds	28 x 42 cm 4,6 cm	Rotation	DM 18.– pro Spalte/mm column/mm für Farbe nach Vereinbarung, for colour ask for details	1 Tag 1 day
alle Schichten all kinds	33,4 x 48,5 cm 4,5 cm	Rotation	DM 16.50 pro Spalte/mm column/mm für Farbe nach Vereinbarung, for colour ask for details	1 Tag 1 day
alle Schichten all kinds	30 28 x 42 cm 4,6 cm	Rotation 30	DM 8190.– pro Seite, page rate DM 12475.– für 4 Farben, for 4 colours	1 Tag 1 day
alle Schichten all kinds	22 36 x 50 cm 4,5 cm	Rotation	DM 3185.– pro Seite, page rate	1 Tag 1 day
alle Schichten all kinds	20 28 x 42 cm 4,6 cm	Rotation bis 28	DM 1690.– pro Seite, page rate	1 Tag 1 day
alle Schichten all kinds	30 x 44 cm 4,8 cm	Rotation	DM 4.– pro Spalte/mm column/mm	1 Tag 1 day

Zeitung, politische Richtung	Anschrift	Auflage	Sprache, Erscheinungsweise
Newspaper, Political Trend	*Address*	*Circulation*	*Language, Frequency of Issue*
Offenburger Tageblatt unabhängig independent	**7600 Offenburg** Marlener Str. 9 Telex 0752873	38 000	deutsch German täglich daily
Ostfriesen-Zeitung unabhängig independent	**295 Leer/Ostfr.** Brunnenstr. 28	31 000	deutsch German täglich daily
Das Parlament Regierungsblatt governmental news	**2 Hamburg 50** Gänsemarkt 21 Telex 863581	102 000	deutsch German wöchentlich weekly
Passauer Neue Presse unabhängig independent	**8390 Passau** Neuburger Str. 28 Telex 05787	118 000	deutsch German täglich daily
Petra Frauenzeitschrift women news	**2 Hamburg 39** Possmoorweg 1 Telex 0213214	620 000	deutsch German monatlich monthly
Pforzheimer Zeitung unabhängig independent	**7530 Pforzheim** Telex 0783755	34 000	deutsch German täglich daily
Publik unabhängig, Magazin independent, magazine	**6 Frankfurt/M.** Brückenstr. 3	92 000	deutsch German wöchentlich weekly

Leserkreis *Kind of Readers*	Seitenzahl, Format, Spalte *Pages, Size, Column*	Druckverfahren, Bildraster *Printing Method, Screen of Pictures*	Anzeigenpreis *Price of Advertising*	Anzeigenschluß, ... vor Erscheinen *Closing date ... before publication*
alle Schichten all kinds	28 x 42 cm 4,6 cm	Rotation	DM 3.80 pro Spalte/mm column/mm	1 Tag 1 day
alle Schichten all kinds	28 28 x 42 cm 5,4 cm	Rotation bis 30	DM 1565 pro Seite, page rate DM 2275.— für 4 Farben, for 4 colours	1 Tag 1 day
Ober- und Mittelschicht upper and middle classes	34,4 x 51,3 cm 4,6 cm	Rotation	DM 6.50 pro Spalte/mm column/mm	1 Woche 1 week
alle Schichten all kinds	32,2 x 43,5 cm 4,5 cm	Rotation	DM 10.— pro Spalte/mm column/mm für Farbe nach Vereinbarung, for colour ask for details	1 Tag 1 day
vor allem Frauen mainly women	140 25,5 x 33,2 cm 5 cm	Offset	DM 12880.— pro Seite, page rate DM 19320 für 4 Farben, for 4 colours	9 Wochen 9 weeks
alle Schichten all kinds	16 - 40 32,5 x 49 cm 4,6 cm	Rotation	DM 2298.— pro Seite, page rate DM 2900 für 2 Farben, for 2 colours	1 Tag 1 day
Mittelschicht middle classes	38 x 51 cm 4,5 cm	Rotation	DM 6.— pro Spalte/mm column/mm für Farbe nach Vereinbarung, for colour ask for details	1 Woche 1 week

Bundesrepublik Deutschland und West-Berlin

Zeitung, politische Richtung	Anschrift	Auflage	Sprache, Erscheinungsweise
Newspaper, Political Trend	*Address*	*Circulation*	*Language, Frequency of Issue*
Quick unabhängig, Illustrierte independent, magazine	**8 München 3** Augustenstr. 10 Telex 0524350	1 800 000	deutsch German freitags friday
Recklinghäuser Zeitung unabhängig independent	**4350 Recklinghausen** Breite Str. 4 Telex 0829831	65 000	deutsch German täglich daily
Remscheider General-Anzeiger unabhängig independent	**5630 Remscheid** Villenstr. 2 Telex 08513789	26 000	deutsch German täglich daily
Reutlinger General-Anzeiger unabhängig independent	**741 Reutlingen** Burgstr. 1-/ Telex 729634	36 000	deutsch German täglich daily
Rhein-Zeitung unabhängig independent	**54 Koblenz** Schloßstr. 43	199 000	deutsch German täglich daily
Rheinische Post christl. demokratisch christian democratic	**4 Düsseldorf** Schadowstr. 11 Telex 08581901	342 000	deutsch German täglich daily

Leserkreis Kind of Readers	Seitenzahl, Format, Spalte Pages, Size, Column	Druckverfahren, Bildraster Printing Method, Screen of Pictures	Anzeigenpreis Price of Advertising	Anzeigenschluß, ... vor Erscheinen Closing date ... before publication
alle Schichten all kinds	96 23,6 x 31,6 cm 5,5 cm	Rotation	DM 24550.– pro Seite, page rate für Farbe/for colour 80% plus	3,5 Wochen 3,5 weeks für Farbe 7 Wochen for colour 7 weeks
alle Schichten all kinds	32,6 x 49 cm 4,6 cm	Rotation	DM 4.– pro Spalte/mm column/mm	1 Tag 1 day
alle Schichten all kinds	28,5 x 42,6 cm 4,6 cm	Rotation	DM 3.90 pro Spalte/mm column/mm	1 Tag 1 day
alle Schichten all kinds	24 32,5 x 47,8 cm 4,5 cm	Rotation	DM 2215.– pro Seite, page rate DM 3965 für 4 Far- ben, for 4 colours	1 Tag 1 day
alle Schichten all kinds	32 x 47 cm 4,5 cm	Rotation	DM 10200.– pro Seite, page rate DM 15630 für 4 Far- ben, for 4 colours	1 Tag 1 day für Farbe 3-8 Tage for colour 3-8 days
Ober- und Mittelschicht upper and middle classes	48 - 128 32,5 x 48 cm 4,6 cm	Rotation	DM 14112.– pro Seite, page rate für Farbe nach Ver- einbarung, for colour ask for details	2 Tage 2 days

Zeitung, politische Richtung	Anschrift	Auflage	Sprache, Erscheinungsweise
Newspaper, Political Trend	*Address*	*Circulation*	*Language, Frequency of Issue*
Rheinischer Merkur unabhängig independent	**54 Koblenz** Görresplatz 5-7 Telex 0862817	69 000	deutsch German wöchentlich weekly
Rhein-Neckar-Zeitung unabhängig independent	**6900 Heidelberg** Hauptstr. 23 Telex 0461751	86 000	deutsch German täglich daily
Die Rheinpfalz unabhängig independent	**6700 Ludwigshafen 3** Amtsstr. 5 Telex 0464822	200 000	deutsch German täglich daily
Ruhr-Nachrichten unabhängig independent	**4600 Dortmund** Postfach 282 Telex 0822108	265 000	deutsch German täglich daily
Saarbrücker Landeszeitung unabhängig independent	**6600 Saarbrücken** Postfach 442 Telex 0421413	38 000	deutsch German täglich daily
Saarbrücker Zeitung unabhängig independent	**6600 Saarbrücken** Postfach 296 Telex 04421263	165 000	deutsch German täglich daily
Schleswig Holsteinische Landeszeitung unabhängig independent	**257 Rendsburg** Bahnhofstr. 12-16 Telex 29413	31 000	deutsch German täglich daily

Leserkreis *Kind of Readers*	Seitenzahl, Format, Spalte *Pages, Size, Column*	Druckverfahren, Bildraster *Printing Method, Screen of Pictures*	Anzeigenpreis *Price of Advertising*	Anzeigenschluß, . . . vor Erscheinen *Closing date . . . before publication*
Ober- und Mittelschicht upper and middle classes	36 32 x 48 cm 6,2 cm	Rotation 28	DM 6385.— pro Seite, page rate DM 11595.— für 4 Farben, for 4 colours	mittwochs wednesday
alle Schichten all kinds	32,2 x 49,4 cm 4,6 cm	Rotation	DM 7.— pro Spalte/mm column/mm	1 Tag 1 day
alle Schichten all kinds	32,5 x 50 cm 4,6 cm	Rotation	DM 11.30 pro Spalte/mm column/mm für Farbe nach Ver- einbarung, for colour ask for details	1 Tag 1 day
alle Schichten all kinds	33 x 48 cm 4,6 cm	Rotation	DM 12.— pro Spalte/mm für Farbe nach Ver- einbarung, for colour ask for details	1 Tag 1 day
alle Schichten all kinds	36,5 x 52 cm 4,5 cm	Rotation	DM 4.— pro Spalte/mm column/mm	1 Tag 1 day
alle Schichten all kinds	36,5 x 52 cm 4,5 cm	Rotation	DM 11.— pro Spalte/mm column/mm	1 Tag 1 day
alle Schichten all kinds	20 31,5 x 47 cm 5,4 cm	Rotation	DM 1806.— pro Seite, page rate DM 3096.— für 4 Farben, for 4 colours	1 Tag 1 day

Bundesrepublik Deutschland und West-Berlin

Zeitung, politische Richtung / Newspaper, Political Trend	Anschrift / Address	Auflage / Circulation	Sprache, Erscheinungsweise / Language, Frequency of Issu
Schwäbische Neue Presse unabhängig independent	8900 Augsburg Adenauer-Allee 51	25 000	deutsch German täglich daily
Schwäbische Post unabhängig independent	708 Aalen Bahnhofstr. 65	20 600	deutsch German täglich daily
Schwäbische Zeitung unabhängig independent	7970 Leutkirch Untere Grabenstr.39 Telex 07321815	166 000	deutsch German täglich daily
Schwarzwälder Bote unabhängig independent	7238 Oberndorf Kirchplatz 5	120 000	deutsch German täglich daily
Siegener Zeitung unabhängig independent	5900 Siegen Obergraben 39 Telex 0872844	43 000	deutsch German täglich daily
Solinger Tageblatt unabhängig independent	5650 Solingen Mummstr. 9 Telex 8514739	36 000	deutsch German täglich daily
Spandauer Volksblatt unabhängig independent	1000 Berlin 20 Neuendorfer Str. 101 Telex 0182893	26 000	deutsch German täglich daily

Leserkreis *Kind of Readers*	Seitenzahl, Format, Spalte *Pages, Size, Column*	Druckverfahren, Bildraster *Printing Method, Screen of Pictures*	Anzeigenpreis *Price of Advertising*	Anzeigenschluß, ... vor Erscheinen *Closing date ... before publication*
alle Schichten all kinds	28,5 x 41,5 cm 4,5 cm	Rotation	DM 1.— pro Spalte/mm column/mm	1 Tag 1 day
alle Schichten all kinds	24 28,3 x 42,5 cm 4,6 cm	Offset 48	DM 1325.— pro Seite, page rate DM 2195.— für 4 Far- ben, for 4 colours	1 Tag 1 day
alle Schichten all kinds	33 x 48,7 4,5 cm	Rotation	DM 14.50 pro Spalte/mm column/mm für Farbe nach Verein- barung, for colour ask for details	1 Tag 1 day
alle Schichten all kinds	28 x 42 cm 4,6 cm	Rotation	DM 10.— pro Spalte/mm column/mm	1 Tag 1 day
alle Schichten all kinds	32 x 48,5 cm 4,5 cm	Rotation	DM 3.50 pro Spalte/mm column/mm	1 Tag 1 day
alle Schichten all kinds	26 29,6 x 42,6 cm 4,6 cm	Rotation 30	DM 2156.— pro Seite, page rate DM 3830 für 4 Far- ben, for 4 colours	1 Tag 1 day
alle Schichten all kinds	28,5 x 42 cm 4,6 cm	Rotation	DM 4.30 pro Spalte/mm column/mm	1 Tag 1 day

Zeitung, politische Richtung	Anschrift	Auflage	Sprache, Erscheinungsweise
Newspaper, Political Trend	*Address*	*Circulation*	*Language, Frequency of Issu*
Der Spiegel unabhängig independent Nachrichten-Magazin news magazine	**2 Hamburg 11** Brandstwiete 19 Telex 2162477	1 060 000	deutsch German wöchentlich weekly
Stern unabhängig, Illustrierte independent magazine	**2 Hamburg 1** Pressehaus Telex 02161757	1 950 500	deutsch German wöchentlich weekly
Straubinger Tagblatt unabhängig independent	**844 Straubing.** Ludwigsplatz 30 Telex 065552	100 000	deutsch German täglich daily
Stuttgarter Nachrichten unabhängig independent	**7 Stuttgart 1** Postfach 550 Telex 0723856	85 000	deutsch German täglich daily
Stuttgarter Zeitung unabhängig independent	**7 Stuttgart** Postfach 141 Telex 0721495	169 000	deutsch German täglich daily
Süddeutsche Zeitung unabhängig independent	**8 München 3** Sendlinger Str. 80 Telex 05248285	270 000	deutsch German täglich daily
Südkurier unabhängig independent	**7750 Konstanz** Marktstätte 4 Telex 733231	125 000	deutsch German täglich daily

Leserkreis *Kind of Readers*	Seitenzahl, Format, Spalte *Pages, Size, Column*	Druckverfahren, Bildraster *Printing Method, Screen of Pictures*	Anzeigenpreis *Price of Advertising*	Anzeigenschluß, ... vor Erscheinen *Closing date ... before publication*
alle Schichten all kinds	17,8 x 25,2 cm	Rotation	DM 18600.— pro Seite, page rate DM 25000.— für Farbe, for colour	1 Woche 1 week
alle Schichten all kinds	173 26,5 x 34,5 cm 5,5 cm	Rotation	DM 28450.— pro Seite, page rate DM 51205.— für 4 Farben, for 4 colours	3,5 Wochen 3,5 weeks
alle Schichten all kinds	24 27,8 x 41,5 cm 4,6 cm	Buchdruck letterpress 36	DM 3985.— pro Seite, page rate für Farbe nach Vereinbarung, for colour ask for details	1 Tag 1 day
alle Schichten all kinds	32,5 x 49 cm 4,5 cm	Rotation	DM 4871.— pro Seite, page rate DM 7890 für 4 Farben, for 4 colours	1 Tag 1 day
alle Schichten all kinds	31,5 x 49 cm 4,5 cm	Rotation	Rückfrage erforderlich ask for details	1 Tag 1 day
alle Schichten all kinds	36 x 47,4 cm 4,4 cm	Rotation	DM 22.— pro Spalte/mm column/mm	1 Tag 1 day
alle Schichten all kinds	20 35 x 45 cm 6,4 cm	Rotation bis 34	DM 7625.— pro Seite, page rate DM 13735 für 4 Farben, for 4 colours	1 Tag 1 day für Farbe 14 Tage for colour 14 days

Zeitung, politische Richtung	Anschrift	Auflage	Sprache, Erscheinungsweise
Newspaper, Political Trend	*Address*	*Circulation*	*Language, Frequency of Issue*
Südwest-Presse unabhängig independent	**7900 Ulm** Frauenstr. 77 Telex 0712461	212 000	deutsch German täglich daily
Tagesanzeiger Regensburg unabhängig independent	**8400 Regensburg** Königstr. 2 Telex 065827	24 000	deutsch German täglich daily
Der Tagesspiegel unabhängig independent	**1 Berlin 30** Potsdamer Str. 87 Telex 0183773	105 000 119 000 samstags weekend	deutsch German täglich daily
Telegraf unabhängig independent	**1 Berlin 33** Bismarckplatz 1 Telex 0183756	77 000	deutsch German täglich daily
Trierischer Volksfreund unabhängig independent	**550 Trier** Postfach 409 Telex 0472860	80 000	deutsch German täglich daily
Twen unabhängig independent	**8 München 80** Prinzregentenstr. 9 Telex 0528323	295 700	deutsch German monatlich monthly

Leserkreis Kind of Readers	Seitenzahl, Format, Spalte Pages, Size, Column	Druckverfahren, Bildraster Printing Method, Screen of Pictures	Anzeigenpreis Price of Advertising	Anzeigenschluß, ... vor Erscheinen Closing date ... before publication
alle Schichten all kinds	33 x 48,7 cm 4,5 cm	Rotation	DM 15.– pro Spalte/mm column/mm	1 Tag 1 day
alle Schichten all kinds	28 x 41 cm 4,6 cm	Rotation	DM 5.80 pro Spalte/mm column/mm	1 Tag 1 day
Ober- und Mittelschicht upper and middle classes	22 37,5 x 53 cm 4,6 cm	Rotation 24	DM 9582.– pro Seite, page rate DM 17180.– für 4 Farben, for 4 colours	1 Tag 1 day
alle Schichten all kinds	28 x 42 cm 4,6 cm	Rotation	DM 4.75 pro Spalte/mm column/mm für Farbe nach Verein- barung, for colour ask for details	1 Tag 1 day
alle Schichten all kinds	32,5 x 48 cm 4,6 cm	Rotation	DM 5.50 pro Spalte/mm column/mm	1 Tag 1 day
Mittelschicht middle classes	148 26,5 x 33,5 cm 5,4 cm	Tiefdruck rotogravure	DM 6400.– pro Seite, page rate DM 11520.– für 4 Farben, for 4 colours	7,5 Wochen 7,5 weeks für Farbe 10,5 Wochen for colour 10,5 weeks

Zeitung, politische Richtung *Newspaper, Political Trend*	Anschrift *Address*	Auflage *Circulation*	Sprache, Erscheinungsweise *Language, Frequency of Issue*
Die Welt unabhängig independent	**2 Hamburg 36** Kaiser-Wilhelm-Str. 1 Telex 0211149	281 000	deutsch German täglich daily
Welt am Sonntag unabhängig independent	**2 Hamburg 36** Kaiser-Wilhelm-Str. 1 Telex 0212111	486 000	deutsch German sonntags sunday
Weltbild unabhängig, Magazin independent, magazine	**89 Augsburg** Postfach	735 000	deutsch German monatlich monthly
Werra-Rundschau unabhängig independent	**3440 Eschwege**	10 500	deutsch German täglich daily
Weser-Kurier unabhängig independent	**28 Bremen 1** Martinistr. 43 Telex 0244709	140 000	deutsch German täglich daily
Westdeutsche Allgemeine unabhängig independent	**4300 Essen** Friedrichstr. 36	603 000	deutsch German täglich daily
Westfälische Rundschau unabhängig independent	**4600 Dortmund** Postfach 228 Telex 0822291	256 000	deutsch German täglich daily

Leserkreis *Kind of Readers*	Seitenzahl, Format, Spalte *Pages, Size, Column*	Druckverfahren, Bildraster *Printing Method, Screen of Pictures*	Anzeigenpreis *Price of Advertising*	Anzeigenschluß, ... vor Erscheinen *Closing date ... before publication*
Ober- und Mittelschicht upper and middle classes	21 40 x 57 cm 4,5 cm	Rotation 30	DM 14560.– - 25700.- pro Seite, page rate	1 Tag 1 day
Ober- und Mittelschicht upper and middle classes	38 40 x 56,5 cm 4,6 cm	Rotation 30	DM 22470.– pro Seite, page rate DM 45950.– für 4 Farben, for 4 colours	1 Woche 1 week
Ober- und Mittelschicht upper and middle classes	23 x 32 cm 5,4 cm	Rotation	DM 6.50 pro Spalte/mm column/mm für Farbe nach Vereinbarung, for colour ask for details	6 Wochen 6 weeks
alle Schichten all kinds	28 x 42 cm 4,6 cm	Rotation	DM 1.50 pro Spalte/mm column/mm	1 Tag 1 day
alle Schichten all kinds	37,5 x 53 cm 4,6 cm	Rotation	DM 7625.– pro Seite, page rate	1 Tag 1 day
alle Schichten all kinds	32 x 43,4 cm 4,5 cm	Rotation	DM 30.– pro Spalte/mm column/mm für Farbe nach Vereinbarung, for colour ask for details	1 Tag 1 day
alle Schichten all kinds	37,2 x 48 cm 4,5 cm	Rotation	DM 11.50 pro Spalte/mm column/mm für Farbe nach Vereinbarung, for colour ask for details	1 Tag 1 day

Zeitung, politische Richtung *Newspaper,* *Political Trend*	Anschrift *Address*	Auflage *Circulation*	Sprache, Erscheinungsweise *Language,* *Frequency of Issue*
Westfälischer Anzeiger und **Kurier** unabhängig independent	**47 Hamm** Gutenbergstr. 1 Telex 0828823	43 500	deutsch German täglich daily
Westfälisches Volksblatt unabhängig independent	**4790 Paderborn** Rosenstr. 13	43 000	deutsch German täglich daily
Westfalen-Blatt unabhängig independent	**48 Bielefeld** Sudbrackstr. 16/18 Telex 932755	147 000	deutsch German täglich daily
Westfalenpost unabhängig independent	**58 Hagen** Mittelstr. 22 Telex 0823861	139 000	deutsch German täglich daily
Wetzlarer Neue Zeitung unabhängig independent	**633 Wetzlar** Karl-Kellner-Ring 23 Telex 0483883	51 000	deutsch German täglich daily
Wiesbadener Kurier unabhängig independent	**6200 Wiesbaden** Langgasse 21 Telex 04186841	58 000	deutsch German täglich daily
Wiesbadener Tagblatt unabhängig independent	**6200 Wiesbaden** Herrnmühlgasse 11 Telex 4186813	30 000	deutsch German täglich daily

Leserkreis Kind of Readers	Seitenzahl, Format, Spalte Pages, Size, Column	Druckverfahren, Bildraster Printing Method, Screen of Pictures	Anzeigenpreis Price of Advertising	Anzeigenschluß, . . . vor Erscheinen Closing date . . . before publication
alle Schichten all kinds	20 33 x 46 cm 4,6 cm	Rotation 30	DM 3865.— pro Seite, page rate DM 6950.— für 4 Far- ben, for 4 colours	1 Tag 1 day
alle Schichten all kinds	33,5 x 47 cm 4,6 cm	Rotation	DM 6.80 pro Spalte/mm column/mm	1 Tag 1 day
alle Schichten all kinds	20 33,5 x 47 cm 4,6 cm	Rotation 34	DM 9050.— pro Seite, page rate DM 15630.— für 4 Far- ben, for 4 colours	1 Tag 1 day
alle Schichten all kinds	32 33 x 48 cm 5,2 cm	Rotation 30	DM 7.20 pro Spalte/mm column/mm	3 Tage 3 days
alle Schichten all kinds	18 37,5 x 53 cm 4,6 cm	Hochdruck high pressure	DM 4565.— pro Seite, page rate DM 8235.— für 4 Far- ben, for 4 colours	1 Tag 1 day
alle Schichten all kinds	33,4 x 50 cm 4,6 cm	Rotation	DM 4.50 pro Spalte/mm column/mm	1 Tag 1 day
alle Schichten all kinds	24 33 x 48 cm 4,6 cm	Rotation bis 30	DM 2420.— pro Seite, page rate DM 3935.— für 4 Far- ben, for 4 colours	1 Tag 1 day

Zeitung, politische Richtung	Anschrift	Auflage	Sprache, Erscheinungsweise
Newspaper, Political Trend	*Address*	*Circulation*	*Language, Frequency of Issue*
Die Woche unabhängig independent	**84 Regensburg** Haidplatz 1 Telex 065841	15 000	deutsch German freitags friday
Die Zeit unabhängig independent	**2 Hamburg 1** Postfach 1101 Telex 02162417	312 000	deutsch German wöchentlich weekly
Zuhause, Wohnung, Haus und Garten unabhängig independent	**2 Hamburg 39** Possmoorweg 1 Telex 0213214	365 000	deutsch German monatlich monthly

Leserkreis *Kind of Readers*	Seitenzahl, Format, Spalte *Pages, Size, Column*	Druckverfahren, Bildraster *Printing Method, Screen of Pictures*	Anzeigenpreis *Price of Advertising*	Anzeigenschluß, . . . vor Erscheinen *Closing date . . . before publication*
alle Schichten all kinds	12 28 x 41 cm 4,6 cm	Rotation 30	DM 1230.— pro Seite, page rate DM 1725.— für 4 Far- ben, for 4 colours	dienstags tuesday
Ober- und Mittelschicht upper and middle classes	37 x 52 cm 4,5 cm	Rotation	Rückfrage erforderlich ask for details	1 Woche 1 week
Mittelschicht middle classes	187 22 x 28,8 cm 5,2 cm	Rotation	DM 8900.— pro Seite, page rate DM 16020.— für 4 Far- ben, for 4 colours	1 Monat 1 month

DEUTSCHLAND / GERMANY

Deutsche Demokratische Republik
German Democratic Republic

Zeitung, politische Richtung	Anschrift	Auflage	Sprache, Erscheinungsweise
Newspaper, Political Trend	*Address*	*Circulation*	*Language, Frequency of Issue*
AZET Abendzeitung	**701 Leipzig** Emilienstraße 3 Telex 593		deutsch täglich German daily
Bauern Echo Partei-Organ (Bauern) party organ (farmers)	**104 Berlin** Reinhardtstraße 14 Telex 0112124		deutsch täglich German daily
Berliner Zeitung	**108 Berlin** Otto Nuschke-Str. 10 - 11		deutsch täglich German daily
Brandenburgische Neueste Nachrichten Partei-Organ (nationaldemokratisch) party organ (national-democratic)	**15 Potsdam** Leninallee 185 Telex 015136		deutsch täglich German daily
BZ am Abend	**108 Berlin** Otto Nuschke-Str. 10 - 11		deutsch täglich German daily

Leserkreis *Kind of Readers*	Seitenzahl, Format, Spalte *Pages, Size, Column*	Druckverfahren, Bildraster *Printing Method, Screen of Pictures*	Anzeigenpreis *Price of Advertising*	Anzeigenschluß, ... vor Erscheinen *Closing date ... before publication*
alle Schichten all kinds	28,2 x 45,8 cm 4,5 cm	Rotation 25	Mark 2 250,– pro Seite page rate 25% mehr/plus für Farbe for colour	2 Tage 2 days
Landwirte farmers	32,9 x 45,8 cm 4,5 cm	Rotation 24	Mark 4 800,– pro Seite page rate 25% mehr/plus für Farbe for colour	5 Tage 5 days
alle Schichten all kinds	32,9 x 45,8 cm 4,5 cm	Rotation 28	Mark 9 660,– pro Seite page rate 25% mehr/plus für Farbe for colour	2 Tage 2 days
alle Schichten all kinds	27 x 45,8 cm 4,5 cm	Rotation 24	Mark 5 920,– pro Seite page rate 25% mehr/plus für Farbe for colour	2 Tage 2 days
vorwiegend Berliner Berlinians in general	28,2 x 41,7 cm 4,5 cm	Rotation 28	Mark 7 500,– pro Seite page rate 25% mehr/plus für Farbe for colour	2 Tage 2 days

Zeitung, politische Richtung	Anschrift	Auflage	Sprache, Erscheinungsweise
Newspaper, Political Trend	*Address*	*Circulation*	*Language, Frequency of Issue*
Der Demokrat Christlich Demokratische Union christian democratic union	**25 Rostock** Köpelinerstr. 44 - 47		deutsch täglich German daily
Deutsche Außenpolitik mit englischer Ausgabe with english edition **German Foreign Policy**	**108 Berlin** Taubenstr. 10	6 000	deutsch monatlich German monthly
Deutsche Finanzwirtschaft	**1055 Berlin** Am Friedrichshain 22	18 500	deutsch 2 x monatlich German by-monthly
Deutsches Sport Echo	**108 Berlin** Neustädtische Kirch-Str. 15		deutsch täglich German daily
Freie Erde SED-Organ	**208 Neustrelitz** Gutenbergstr. 1 - 2 Telex 33723	über more than 200 000	deutsch täglich German daily
Freie Presse SED-Organ	**901 Karl-Marx-Stadt** Brückenstr. 8 Telex 057/233		deutsch täglich German daily

Leserkreis *Kind of Readers*	Seitenzahl, Format, Spalte *Pages, Size, Column*	Druckverfahren, Bildraster *Printing Method, Screen of Pictures*	Anzeigenpreis *Price of Advertising*	Anzeigenschluß, ... vor Erscheinen *Closing date ... before publication*
alle Schichten all kinds	28,2 x 44,6 cm	Rotation 24	Mark 1 590,— pro Seite page rate 20% mehr/plus für Farbe for colour	1 Tag 1 day
Oberschicht upper classes	12,1 x 18,5 cm	40	Mark 600,— pro Seite page rate 20 - 25% mehr/plus für Farbe for colour	6 Wochen 6 weeks
Geschäftsleute businessmen	16,9 x 25,7 cm 3,9 cm	Offset	Mark 1 520,— pro Seite page rate	28 Tage 28 days
alle Schichten all kinds	28,2 x 41 cm 5,3 cm	Rotation 30	Mark 4 880,— pro Seite page rate 25% mehr/plus für Farbe for colour	8 Tage 8 days
alle Schichten all kinds	28,2 x 40,5 cm	Offset	Mark 4 800,— pro Seite page rate 25% mehr/plus für Farbe for colour	2 Tage 2 days
alle Schichten all kinds	32,9 x 45,9 cm 4,5 cm	Rotation 24	Mark 14 900,— pro Seite page rate	1 Tag 1 day

Deutsche Demokratische Republik

Zeitung, politische Richtung	Anschrift	Auflage	Sprache, Erscheinungsweise
Newspaper, Political Trend	*Address*	*Circulation*	*Language, Frequency of Issue*
Freie Welt Illustrierte illustrated news	**108 Berlin** Otto Nuschke-Str. 10 - 11	340 000	deutsch am Wochenende German weekend
Freiheit SED-Organ	**402 Halle** Straße der DFS 67		deutsch täglich German daily
Freies Wort SED-Organ	**60 Suhl** Wilhelm Pieckstr. 6		deutsch täglich German daily
Handelswoche Wirtschaftszeitung economic news	**1055 Berlin**		deutsch freitags German friday
Junge Welt Zeitung für die SED-Jugend news for the SED youth movement	**102 Berlin** Mohrenstr. 36 - 37		deutsch täglich German daily

Leserkreis *Kind of Readers*	Seitenzahl, Format, Spalte *Pages, Size, Column*	Druckverfahren, Bildraster *Printing Method, Screen of Pictures*	Anzeigenpreis *Price of Advertising*	Anzeigenschluß, ... vor Erscheinen *Closing date ... before publication*
alle Schichten all kinds	23,1 x 31,5 cm		Mark 6 400,— pro Seite page rate 20% mehr/plus für Farbe for colour	25 Tage 25 days
alle Schichten all kinds	32,9 x 45,8 cm 5,4 cm	Rotation 24	Mark 7 750,— pro Seite page rate 25% mehr/plus für Farbe for colour	1 Tag 1 day
alle Schichten all kinds	28,2 x 43,1 cm 4,5 cm	Offset	Mark 5 780,— pro Seite page rate Farbe nach Vereinbarung colour ask for details	3 Tage 3 days
Geschäftsleute businessmen	24,8 x 37,4 cm 2,7 cm	Offset	Mark 4 200,— pro Seite page rate	15 Tage 15 days
vorwiegend junge Leute youth in general	28 x 41,7 cm 4,5 cm	Rotation 25	Mark 7 500,— pro Seite page rate Farbe nach Vereinbarung colour ask for details	3 Tage 3 days

Deutsche Demokratische Republik

Zeitung, politische Richtung	Anschrift	Auflage	Sprache, Erscheinungsweise
Newspaper, Political Trend	*Address*	*Circulation*	*Language, Frequency of Issue*
Lausitzer Rundschau SED-Organ	**75 Cottbus** Bahnhofsstr. 52		deutsch täglich German daily
Leipziger Volkszeitung SED-Organ	**701 Leipzig** Emilienstr. 3 Telex 051420		deutsch morgens German morning
Liberal Demokratische Zeitung Partei-Organ (liberaldemokratisch) party organ (liberal democratic)	**402 Halle/Saale** Große Brauhausstr. 16 - 17		deutsch täglich German daily
Marktinformation für Industrie und Außenhandel der DDR	**1055 Berlin** Am Friedrichshain 22	2 200	deutsch freitags German friday
Märkische Union Ausgaben für editions for Potsdam, Cottbus	**806 Dresden** Straße der Befreiung 21		deutsch täglich außer montags German daily except monday
Märkische Volksstimme SED-Organ	**15 Potsdam** Friedrich Engels Str. 24		deutsch täglich German daily

Leserkreis *Kind of Readers*	Seitenzahl, Format, Spalte *Pages, Size, Column*	Druckverfahren, Bildraster *Printing Method, Screen of Pictures*	Anzeigenpreis *Price of Advertising*	Anzeigenschluß, . . . vor Erscheinen *Closing date . . . before publication*
alle Schichten all kinds	32,9 x 45,8 cm 4,5 cm	Rotation 24	Mark 8 550,– pro Seite page rate Farbe (nur freitags) nach Vereinbarung colour (only friday) ask for details	1 Tag 1 day
alle Schichten all kinds	32,9 x 45,8 cm 4,5 cm	Rotation 28	Mark 10 600,– pro Seite page rate 25% mehr/plus für Farbe for colour	1 Tag 1 day
alle Schichten all kinds	27 x 45 cm 4,5 cm	Rotation 24	Mark 3 270,– pro Seite page rate 25% mehr/plus für Farbe for colour	1 Tag 1 day
Industrie und Wirtschaft industrial and economic circles	27,9 x 41,4 cm 13,7 cm	Rotation 24	Mark 1 000,– pro Seite page rate	14 Tage 14 days
alle Schichten all kinds	28,2 x 44 cm 4,5 cm	Rotation 24	Mark 1 290,– pro Seite page rate	2 Tage 2 days
alle Schichten all kinds	32,9 x 45,8 cm 4,5 cm	Rotation 24	Mark 6 550,– pro Seite page rate	4 Tage 4 days

Zeitung, politische Richtung	Anschrift	Auflage	Sprache, Erscheinungsweise
Newspaper, Political Trend	*Address*	*Circulation*	*Language, Frequency of Issu*

Mitteldeutsche Neueste Nachrichten Partei-Organ (national demokratisch) party organ (national democratic) Ausgaben für editions for Leipzig, Halle, Dessau, Magdeburg	**701 Leipzig** Thomasiusstr. 2		deutsch täglich German daily
Der Morgen Partei-Organ (liberal-demokratisch) party organ (liberal-democratic)	**108 Berlin** Taubenstr. 47		deutsch täglich German daily
National Zeitung Partei-Organ (nationaldemokratisch) party-organ (national democratic)	**1055 Berlin**		deutsch täglich German daily
Neue Berliner Illustrierte	**108 Berlin** Otto Nuschke-Str. 10 - 11	690 000	deutsch am Wochenende German weekend

Leserkreis *Kind of Readers*	Seitenzahl, Format, Spalte *Pages, Size, Column*	Druckverfahren, Bildraster *Printing Method, Screen of Pictures*	Anzeigenpreis *Price of Advertising*	Anzeigenschluß, ... vor Erscheinen *Closing date ... before publication*
alle Schichten all kinds	28,5 x 45 cm 4,5 cm	Rotation 24	Mark 6 340,— pro Seite page rate 25% mehr/plus für Farbe for colour	2 Tage 2 days
alle Schichten all kinds	32,9 x 45,8 cm 4,5 cm	Rotation 24	Mark 5 000,— pro Seite page rate 25% mehr/plus für Farbe for colour	2 Tage 2 days
Ober- und Mittel- schicht upper and middle classes	28,3 x 41,4 cm 4,5 cm	Offset 24	Mark 4 650,— pro Seite page rate für Farbe nach Vereinbarung for colour ask for details	3 Tage 3 days
alle Schichten all kinds	23,7 x 33,2 cm 5,5 cm		Mark 10 000,— pro Seite page rate 15% mehr/plus für Farbe for colour	25 Tage 25 days

Deutsche Demokratische Republik

Zeitung, politische Richtung	Anschrift	Auflage	Sprache, Erscheinungsweise
Newspaper, Political Trend	*Address*	*Circulation*	*Language, Frequency of Issue*
Neuer Tag SED-Organ	**12 Frankfurt (Oder)** Fischerstr. 7 - 8		deutsch täglich German daily
Der Neue Weg Christlich-Demokratische Union christian-democratic union	**402 Halle/Saale** Franckestr. 11 Telex 04417		deutsch täglich German daily
Neue Zeit Christlich-Demokratische Union christian-democratic union	**108 Berlin** Charlottenstr. 79		deutsch täglich German daily
Neues Deutschland SED-Organ	**1054 Berlin** Schönhauser Allee 176		deutsch täglich German daily
Norddeutsche Neueste Nach-richten Partei-Organ (national-demo-kratisch) party-organ (national-demo-cratic)	**25 Rostock** Kröpelinerstr. 16 Telex 031105		deutsch täglich German daily

Leserkreis *Kind of Readers*	Seitenzahl, Format, Spalte *Pages, Size, Column*	Druckverfahren, Bildraster *Printing Method, Screen of Pictures*	Anzeigenpreis *Price of Advertising*	Anzeigenschluß, . . . vor Erscheinen *Closing date . . . before publication*
alle Schichten all kinds	32,9 x 45,8 cm 4,5 cm	Rotation 24	Mark 6 000,– pro Seite page rate für Farbe nach Vereinbarung for colour ask for details	2 Tage 2 days
Mittelschicht middle classes	28 x 46 cm 4,5 cm	Rotation 26	Mark 2 650,– pro Seite page rate 25% mehr/plus für Farbe for colour	2 Tage 2 days
Ober- und Mittelschicht upper and middle classes	32,9 x 45,8 cm 4,5 cm	Rotation 30	Mark 4 760,– pro Seite page rate 25% mehr/plus für Farbe for colour	2 Tage 2 days
alle Schichten all kinds	37,6 x 54 cm 4,5 cm	Offset	Mark 12 800,– pro Seite page rate 25% mehr/plus für Farbe for colour	3 Tage 3 days
Mittelschicht middle classes	28,1 x 44,5 cm 4,5 cm	Rotation	Mark 2 000,– pro Seite page rate 25% mehr/plus für Farbe for colour	2 Tage 2 days

Zeitung, politische Richtung *Newspaper,* *Political Trend*	Anschrift *Address*	Auflage *Circulation*	Sprache, Erscheinungsweise *Language,* *Frequency of Issue*
Ostsee Zeitung SED-Organ	**25 Rostock** Richard-Wagner-Str. 1 a		deutsch täglich German daily
Die Private Wirtschaft Organ der Industrie- und Handelskammer organ of the chamber of commerce	**1055 Berlin** Am Friedrichshain 22	83 000	deutsch monatlich German monthly
Sächsische Neueste Nachrichten Partei-Organ (nationaldemo- kratisch) party-organ (national-demo- cratic	**806 Dresden** Antonstr. 8 Telex 02369		deutsch täglich außer Montag German daily except monday
Sächsische Zeitung SED-Organ	**801 Dresden** Julian-Glimau-Allee Telex 0225		deutsch täglich German daily
Sächsisches Tageblatt Partei-Organ (liberaldemokra- tisch) party-organ (liberal-democra- tic)	**801 Dresden** Fritz-Heckert-Platz 10 Telex 2138		deutsch täglich außer Montag German daily except monday

Leserkreis *Kind of Readers*	Seitenzahl, Format, Spalte *Pages, Size, Column*	Druckverfahren, Bildraster *Printing Method, Screen of Pictures*	Anzeigenpreis *Price of Advertising*	Anzeigenschluß, . . . vor Erscheinen *Closing date . . . before publication*
alle Schichten all kinds	32,9 x 45,8 cm	Rotation 24	Mark 5 600,– pro Seite page rate 25% mehr/plus für Farbe for colour	1 Tag 1 day
Geschäftsleute businessmen	16,9 x 24,8 cm 3,8 cm		Mark 3 000,– pro Seite page rate	2 Monate 2 month
Mittelschicht middle classes	28,2 x 44,5 cm 4,5 cm	Rotation 24	Mark 2 580,– pro Seite page rate 25% mehr/plus für Farbe for colour	2 Tage 2 days
alle Schichten all kinds	8 32,9 x 45,8 cm 4,5 cm	Rotation 24	Mark 10 230,– pro Seite page rate 25% mehr/plus für Farbe for colour	1 Tag 1 day
Mittelschicht middle classes	28 x 44 cm 4,5 cm	Rotation	Mark 3 570,– pro Seite page rate 25% mehr/plus für Farbe for colour	2 Tage 2 days

Deutsche Demokratische Republik

Zeitung, politische Richtung *Newspaper,* *Political Trend*	Anschrift *Address*	Auflage *Circulation*	Sprache, Erscheinungsweise *Language,* *Frequency of Issue*
Saison Mode-Zeitschrift mit Ausgaben in Englisch, Französisch, Spanisch fashion-news with editions in English, French, Spanish	**701 Leipzig** Friedrich-Ebert-Str. 76 - 78		deutsch März, Juni, September, Dezember German march, june, september, december
Schweriner Volkszeitung SED-Organ	**27 Schwerin** Wismarksche Straße 146 Telex 032247		deutsch täglich German daily
Sozialistische Außenwirtschaft	**1055 Berlin** Am Friedrichshain 22	7 500	deutsch monatlich German monthly
Thüringer Neueste Nachrichten Partei-Organ (nationaldemo- kratisch) party-organ (national-demo- cratic)	**53 Weimar** Goetheplatz 9 a		deutsch täglich German daily
Thüringer Tageblatt Christlich-Demokratische Union christian-democratic union	**53 Weimar** Coudraystr. 6 Telex 0618922		deutsch täglich German daily
Tribüne Gewerkschaftszeitung trade union news	**1193 Berlin** Am Treptower Park 28 - 30 Telex 0112611		deutsch täglich German daily

Leserkreis *Kind of Readers*	Seitenzahl, Format, Spalte *Pages, Size, Column*	Druckverfahren, Bildraster *Printing Method, Screen of Pictures*	Anzeigenpreis *Price of Advertising*	Anzeigenschluß, ... vor Erscheinen *Closing date ... before publication*
Mittelschicht middle classes	21,2 x 28,8 cm		Mark 4 000,– pro Seite page rate 30% mehr/plus für Farbe for colour	60 Tage 60 days
alle Schichten all kinds	32,9 x 45,8 cm 5,4 cm	Rotation 24	Mark 5 950,– pro Seite page rate 25% mehr/plus für Farbe for colour	1 Tag 1 day
Industrie und Wirtschaft industry and economy	16,9 x 24,8 cm 3,8 cm	Offset	Mark 700,– pro Seite page rate	2 Monate 2 month
alle Schichten all kinds		Rotation	Mark 1 590,– pro Seite page rate	1 Tag 1 day
alle Schichten all kinds	28,2 x 41,6 cm 4,5 cm	Rotation 28	Mark 2 050,– pro Seite page rate	1 Tag 1 day
alle Schichten all kinds	28,2 x 41,7 cm 4,5 cm	Rotation 24	Mark 7 500,– pro Seite page rate für Farbe nach Vereinbarung for colour ask for details	3 Tage 3 days

Zeitung, politische Richtung	Anschrift	Auflage	Sprache, Erscheinungsweise
Newspaper, Political Trend	*Address*	*Circulation*	*Language, Frequency of Issue*
Das Volk SED-Organ	**501 Erfurt** Regierungsstr. 62 - 63 Telex 061212		deutsch täglich German daily
Volksstimme SED-Organ	**310 Magdeburg** Bahnhofsstr. 17		deutsch täglich German daily
Volkswacht SED-Organ	**65 Gera** Julius-Fucik-Str. 18 Telex 05227		deutsch täglich German daily
Die Wirtschaft	**1055 Berlin** Am Friedrichshain 22		deutsch donnerstags German thursday
Wochenpost Illustrierte illustrated news	**108 Berlin** Otto-Nuschke-Str. 10 - 11	850 000	deutsch am Wochenende German weekend

Leserkreis *Kind of Readers*	Seitenzahl, Format, Spalte *Pages, Size, Column*	Druckverfahren, Bildraster *Printing Method, Screen of Pictures*	Anzeigenpreis *Price of Advertising*	Anzeigenschluß, ... vor Erscheinen *Closing date ... before publication*
alle Schichten all kinds	32,9 x 44,5 cm 4,5 cm	Offset	Mark 12 240,– pro Seite page rate 25% mehr/plus für Farbe for colour	2 Tage 2 days
alle Schichten all kinds	32,9 x 45,8 cm	Rotation 24	Mark 6 000,– pro Seite page rate für Farbe Rückfrage erforderlich for colour ask for details	2 Tage 2 days
alle Schichten all kinds	32,9 x 45,8 cm 4,5 cm	Rotation 24	Mark 6 550,– pro Seite page rate 25% mehr/plus für Farbe for colour	1 Tag 1 day
Wirtschaftskreise economic circles	24,8 x 37,4 cm 2,7 cm	Rotation 24	Mark 4 500,– pro Seite page rate	15 Tage 15 days
alle Schichten all kinds	24,8 x 37,9 cm 4,5 cm	Offset 24	Mark 7 200,– pro Seite page rate 15% mehr/plus für Farbe for colour	21 Tage 21 days

Zeitung, politische Richtung	Anschrift	Auflage	Sprache, Erscheinungsweise
Newspaper, Political Trend	*Address*	*Circulation*	*Language, Frequency of Issue*
Die Union Christlich-Demokratische Union christian-democratic union	**806 Dresden** Straße der Befreiung 21 Telex 02313		deutsch täglich German daily
Die Union Christlich-Demokratische Union christian-democratic union Tageszeitung für Leipzig daily news for Leipzig	**402 Halle/Saale** Franckestr. 11 Telex 04417		deutsch täglich German daily

Leserkreis	Seitenzahl, Format, Spalte	Druckverfahren, Bildraster	Anzeigenpreis	Anzeigenschluß, . . . vor Erscheinen
Kind of Readers	*Pages, Size, Column*	*Printing Method, Screen of Pictures*	*Price of Advertising*	*Closing date . . . before publication*
alle Schichten all kinds	28,2 x 44 cm 4,5 cm	Rotation 24	Mark 2 600,– pro Seite page rate	2 Tage 2 days
alle Schichten all kinds	28,2 x 44 cm 4,5 cm	Rotation 26	Mark 2 650,– pro Seite page rate 25% mehr/plus für Farbe for colour	2 Tage 2 days

FINNLAND / FINLAND

Finnland

Zeitung, politische Richtung	Anschrift	Auflage	Sprache, Erscheinungsweise
Newspaper, Political Trend	_Address_	_Circulation_	_Language, Frequency of Issue_
Helsingin Sanomat unabhängig independent	Ludviginkatu 2-10, **Helsinki 13** Telex 12-897	266 000 298 250 am Wochenende weekend	finnisch Finnish täglich daily
Ilta Sanomat unabhängig independent	Ludviginkatu 6-10, **Helsinki 13**	70 100	finnisch Finnish täglich daily
Kaleva unabhängig independent	P.O.Box 70 **Oulu** Telex 32-112	58 000	finnisch Finnish täglich daily
Kansan Uutiset parteigebunden party bound	Kotkankatu 11 **Helsinki** Telex 12 663 KU-Hki	45 000	finnisch Finnish täglich daily
Karjalainen konservativ conservative	Torikatu 33, **Joensuu**	42 400	finnisch Finnish täglich daily
Kauppalehti unabhängig, Wirtschaftszeitung, independent, economic news	Yrjoenkatu 13, **Helsinki 12**	25 000	finnisch Finnish täglich daily
Maaseudun Tulevaisuus Landwirtschafts-Zeitung agricultural news	Simonkatu 6, **Helsinki 10**	157 000	finnisch Finnish 3 x wöchentl. 3 x weekly

Leserkreis	Seitenzahl, Format, Spalte	Druckverfahren, Bildraster	Anzeigenpreis	Anzeigenschluß, ... vor Erscheinen
Kind of Readers	*Pages, Size, Column*	*Printing Method, Screen of Pictures*	*Price of Advertising*	*Closing date ... before publication*
alle Schichten all kinds	38 40 x 53 cm 4,9 cm	Rotation	US$ 1810.– - 2260.– pro Seite, page rate US$ 2530.– - 3070.– für Farbe, for colour	1 Tag 1 day
alle Schichten all kinds	25 x 40 cm 4,9 cm	Rotation 25	US$ 329.– - 376.– pro Seite, page rate	1 Tag 1 day
alle Schichten in Nordfinnland all kinds in nothern part of the country	14 - 16 40 x 50 cm 5 cm	Rotation 24	US$ 945.– pro Seite, page rate US$ 1342.– für Farbe, for colour	1 Tag 1 day
organisierte Arbeiter unionists	12 - 16 40 x 51 cm 5 cm	Rotation 25 - 34	Fmk 4690.– pro Seite, page rate Farbe nach Vereinbarung, colour ask for details	1 Tag 1 day
Mittelschicht middle classes	13 40 x 50 cm 5 cm	Rotation 26	nach Vereinbarung ask for details	1 Tag 1 day
Geschäftsleute businessmen	16 5 cm	Rotation 25	US$ 395.– pro Seite, page rate US$ 512.– für Farbe, for colour	1 Tag 1 day
Landwirte farmers	40 x 51 cm 5 cm		Fmk 1,35 pro Spalte/mm, column/mm	1 Tag 1 day

Zeitung, politische Richtung	Anschrift	Auflage	Sprache, Erscheinungsweise
Newspaper, Political Trend	*Address*	*Circulation*	*Language, Frequency of Issue*
Me Naiset unabhängig, Frauenzeitschrift independent, women periodical	Korkeavuorenkatu **Helsinki 13** 30 Telex 12-897	222 000	finnisch Finnish wöchentl. weekly
Turun Sanomat unabhängig independent	Kauppiaskatu 5, **Turku** Telex 62-213	100 000	finnisch Finnish täglich daily
Uusi Suomi konservativ conservative	Mannerheimintie 6 **Helsinki 10**	86 000 88 500 am Wochenende, weekend	finnisch Finnish täglich daily
Vaasa unabhängig, konservativ independent, conservative	Pitkaekatu 37 **Vaasa** Telex 74-212	57.400	finnisch Finnish täglich daily
Viikkosanomat unabhängig, Illustrierte independent, illustrated news	Korkeavuorenkatu **Helsinki 13** 30	133 000	finnisch Finnish wöchentl. weekly
Yhteishyvae neutral, Wirtschaftszeitung neutral, economic news	Vilhonkatu 7 **Helsinki 10**	385 000	finnisch Finnish wöchentl. weekly

Leserkreis *Kind of Readers*	Seitenzahl, Format, Spalte *Pages, Size, Column*	Druckverfahren, Bildraster *Printing Method, Screen of Pictures*	Anzeigenpreis *Price of Advertising*	Anzeigenschluß, . . . vor Erscheinen *Closing date . . . before publication*
vorwiegend Frauen women in general	98 23 x 27,3 cm 4,9 cm	Offset 40	US$ 964.– - 1619.– pro Seite, page rate	1 Woche 1 week
alle Schichten im Südwesten Finnlands all kinds in the southwestern part of the country	24 41 x 57,7 cm	Kopierpresse letterpress 25	Fmk. 5040.– pro Seite, page rate Fmk. 6280.– für Farbe, for colour	1 Tag 1 day
alle Schichten all kinds	24 40 x 51 cm 5 cm	Rotation 24	US$ 1370.– pro Seite, page rate US$ 1612.– für Farbe, for colour	1 Tag 1 day
alle Schichten all kinds	16 40 x 50 cm 5 cm	Rotation 24	US$ 810.– - 905.– pro Seite, page rate US$ 1238.– - 1334.– für Farbe, for colour	1 Tag 1 day
alle Schichten all kinds	65 26 x 35,3 cm 5,7 cm	Offset 40	US$ 833.– - 875.– pro Seite, page rate US$ 1167.– - 1238.– für Farbe, for colour	1 Woche 1 week
Geschäftsleute businessmen	22 31,2 x 44 cm	Offset	Fmk. 3080.– pro Seite, page rate Fmk. 4180.– für Farbe, for colour	3 Wochen 3 weeks

FRANKREICH / FRANCE

Zeitung, politische Richtung	Anschrift	Auflage	Sprache, Erscheinungsweise
Newspaper, Political Trend	*Address*	*Circulation*	*Language, Frequency of Issue*
L'Alsace unabhängig independent	2, av. Aristide Briand, **Mulhouse**	132 000	französisch deutsch French German täglich daily
L'Aurore unabhängig independent	9, rue Louis-le-Grand 100, rue de Richelieu **Paris 75**	420 000	französisch French täglich daily
Bonheur unabhängig, Familienblatt independent, family news	17, rue Viete **Paris 17**	650 000	französisch French monatlich monthly
Carrefour unabhängig independent	114, avenue des Champs Elysées, **Paris 8e**	60 000	französisch French wöchentlich weekly
Centre Presse unabhängig independent	5, rue Victor Hugo, **Poitiers**	140 000	französisch French täglich daily
Constellation Illustrierte magazine	217, Faubourg Saint Honoré, **Paris 8**	650 000	französisch French monatlich monthly
Combat unabhängig independent	18, rue du Croissant, **Paris 75**	80 000	französisch French täglich daily

Leserkreis Kind of Readers	Seitenzahl, Format, Spalte Pages, Size, Column	Druckverfahren, Bildraster Printing Method, Screen of Pictures	Anzeigenpreis Price of Advertising	Anzeigenschluß, ... vor Erscheinen Closing date ... before publication
alle Schichten all kinds	4,5 cm		Franc 5,50 pro Spalte/mm column/mm	2 Tage 2 days
alle Schichten all kinds	39,4 x 54 cm 4,6 cm	Rotation	Franc 4,80 pro Spalte/mm column/mm	2 Tage 2 days
Mittelschicht middle classes	20 x 27 cm	Rotation	Franc 8,— pro Spalte/mm column/mm für Farbe Rück- frage erforderlich for colour ask for details	1 Monat 1 month
Führungskräfte, Kaufleute, Poli - tiker, caders, merchants, poli- ticians	24 - 32 25 x 35 cm 5,8 cm	Typo 65	Franc 1872,— pro Seite, page rate	1 Woche 1 week
alle Schichten all kinds	40 x 54 cm 4,8 cm	Rotation	Franc 4,— pro Spalte/mm column/mm	2 Tage 2 days
alle Schichten all kinds	258 13,5 x 18,5 cm	Heliogravure	Franc 5000,— pro Seite, page rate Franc 6000,— für Farbe, for colour	45 Tage 45 days
untere Schicht lower classes	37 x 46 cm	Rotation	Franc 2,50 pro Spalte/mm column/mm	2 Tage 2 days

Zeitung, politische Richtung	Anschrift	Auflage	Sprache, Erscheinungsweise
Newspaper, Political Trend	*Address*	*Circulation*	*Language, Frequency of Issue*
Courrier Français du Dimanche unabhängig, katholisch independent, catholic	64, rue du Palais Gallien, **Bordeaux**	105 000	französisch French wöchentlich weekly
Le Courrier de L'Ouest unabhängig independent	12, Place Louis Imbach, **49 Angers**	105 000 - 115 000	französisch French täglich daily
La Croix katholisch catholic	22, Cours Albert-ler, **75 Paris**	125 000	französisch French täglich daily
La Dauphine Libéré unabhängig independent	40, av. d'Alsace-Lorraine **Grenoble**	530 000	französisch French täglich daily
La Dépêche du Midi unabhängig, demokratisch independent, democratic	57 rue Bayard, **31 Toulouse** Telex 51709	283 000 - 333 000	französisch French täglich daily
Dernières Nouvelles d'Alsace unabhängig independent	17-21, rue de la Nuée-Bleue, **Strasbourg**	250 000	französisch deutsch French German täglich daily
Les Echos unabhängig, Wirtschaftsblatt independent, economic news	37, Champs-Elysées, **Paris**	55 000	französisch French täglich daily

Leserkreis *Kind of Readers*	Seitenzahl, Format, Spalte *Pages, Size, Column*	Druckverfahren, Bildraster *Printing Method, Screen of Pictures*	Anzeigenpreis *Price of Advertising*	Anzeigenschluß, ... vor Erscheinen *Closing date ... before publication*
Führungskräfte, Liberale, Landwirte, caders, liberals, farmers	20 31 x 43 cm 4,5	Typographie 65	Franc 7800,– pro Seite, page rate Franc 11700,– für Farbe, for colour	freitags friday
alle Schichten all kinds	14 - 16 39 x 55 cm 4,7 cm	Typo 65	Franc 4,80 - 10,80 pro Spalte/mm, column/mm	4 Tage 4 days
alle Schichten all kinds	39,2 x 54 cm 4,7 cm	Rotation	Franc 3,– pro Spalte/mm column/mm	2 Tage 2 days
alle Schichten all kinds	40 x 54,5 cm 4,7 cm	Rotation	Franc 17,– pro Spalte/mm column/mm	2 Tage 2 days
alle Schichten all kinds	16 - 20 43 x 62 cm	Rotation 65	Franc 21244,– pro Seite, page rate Franc 25492,– für Farbe, for colour	2 Tage für Farbe 6 Tage 2 days for colour 6 days
alle Schichten all kinds	4,5 cm	Rotation	Franc 6,– pro Spalte/mm column/mm	2 Tage 2 days
Industrielle Kaufleute industrials, merchants	20 25 x 38,5 cm 5 cm	Typo 165	USS 2244.– pro Seite, page rate	2 Tage 2 days

Frankreich

Zeitung, politische Richtung — Newspaper, Political Trend	Anschrift — Address	Auflage — Circulation	Sprache, Erscheinungsweise — Language, Frequency of Issue
L'Est Républicain unabhängig independent	5 bis, avenue Foch **Nancy**	275 000	französisch French täglich daily
L'Express unabhängig, Magazin independent, magazine	25, rue de Berri **75 Paris 8**	520 000	französisch French wöchentlich weekly
Le Figaro unabhängig independent	14, Rond-point des Champs-Elysées, **75 Paris 8**	510 000	französisch French täglich daily
France-Dimanche Illustrierte, unabhängig magazine, independent	100, rue Reaumur **Paris 2**	1 550 000	französisch French wöchentlich weekly
France-Soir unabhängig independent	100, rue Reaumur, **Paris 2**	1 350 000	französisch French täglich daily
L'Humanité Parteiorgan, kommunistisch party organ, communistic	6, Boulevard Poisson-nière, **Paris**	210 000	französisch French täglich daily
Ici Paris Illustrierte, unabhängig magazine, independent	152, rue du Foubourg-Saint-Honoré **Paris 8**	1 200 000	französisch French wöchentlich weekly

Leserkreis	Seitenzahl, Format, Spalte	Druckverfahren, Bildraster *Printing Method,*	Anzeigenpreis	Anzeigenschluß, ... vor Erscheinen *Closing date*
Kind of Readers	*Pages, Size, Column*	*Screen of Pictures*	*Price of Advertising*	*... before publication*
alle Schichten all kinds	40,4 x 55,5 cm 4,8 cm	Typo	Franc 6,50 pro Spalte/mm column/mm	2 Tage 2 days
Oberschicht upper classes	150 21 x 27 cm 6,5 cm		Franc 13200,— pro Seite. page rate Franc 22800,— für Farbe, for colour	1 Woche 1 week
alle Schichten all kinds	40,1 x 54,5 cm 4,6 cm	Typo	Franc 6,— pro Spalte/mm column/mm	2 Tage 2 days
alle Schichten all kinds	4,5 cm		Franc 8,— pro Spalte/mm column/mm	1 Woche 1 week
alle Schichten all kinds	39,2 x 53,8 cm 4,6 cm	Rotation	Franc 12,— pro Spalte/mm column/mm	2 Tage 2 days
vorwiegend Parteifreunde, party friends in general	4,7 cm		Franc 3,— pro Spalte/mm column/mm	2 Tage 2 days
alle Schichten all kinds	39,5 x 54 cm 4,6 cm	Rotation	Franc 7,— pro Spalte/mm column/mm	1 Woche 1 week

Zeitung, politische Richtung	Anschrift	Auflage	Sprache, Erscheinungsweise
Newspaper, Political Trend	*Address*	*Circulation*	*Language, Frequency of Issue*
Informations Catholiques Internationales	163, Boulevard Malesherbes, **75 Paris 17**		französisch spanisch holländisch French Spanish Dutch 2 x monatlich bi-monthly
Le Journal du Dimanche unabhängig, Illustrierte independent, illustrated news	100, rue Reaumur, **Paris 2**	680 000	französisch French wöchentlich weekly
Lectures pour Tous unabhängig, Magazin independent, magazine	100, avenue Raymond Poincare, **Paris 16**	250 000	französisch French monatlich monthly
Lui unabhängig, Magazin independent, magazine	63-65 Champs Elysées, **Paris 8**	400 000	französisch French monatlich monthly
Le Maine Libre unabhängig independent	**Le Mans**	55 000	französisch French täglich daily
Marie-Claire unabhängig, Frauenzeitschrift independent, women news	51, rue Pierre-Charron, **Paris 8**	920 000	französisch French am 17. jeden Monats 17th. of each month
La Marsaillaise unabhängig independent	17, cours Honoré-d'Estienne-d'Orves, **Marseille**	170 000	französisch French täglich daily

Leserkreis Kind of Readers	Seitenzahl, Format, Spalte Pages, Size, Column	Druckverfahren, Bildraster Printing Method, Screen of Pictures	Anzeigenpreis Price of Advertising	Anzeigenschluß, ... vor Erscheinen Closing date ... before publication
Katholiken Catholics	40 20 x 26 cm 5,4 cm	Offset	Franc 3000,– pro Seite, page rate	1 Monat 1 month
alle Schichten all kinds	39,2 x 53,8 cm 4,6 cm	Rotation	Franc 6,– pro Spalte/mm column/mm	1 Woche 1 week
alle Schichten all kinds	124 24 x 30 cm	Heliogravure	Franc 3500,– pro Seite, page rate Franc 12500,– für Farbe, page rate	8 Wochen 8 weeks
vorwiegend junge Männer young men in general	150 21,5 x 27,5 cm	Helio	Franc 9000,– pro Seite, page rate Franc 15000,– für Farbe, for colour	5 Wochen 5 weeks
alle Schichten all kinds	39 x 55 cm 4,7 cm	Typographie 65	Franc 21000,– pro Seite, page rate für Farbe Rückfrage erforderlich, for colour ask for details	4 Tage 4 days
vorwiegend Frauen, women in general	180 26,2 x 34 cm	Heliogravure	Franc 17625,– pro Seite, page rate Franc 29625.– für Farbe, for colour	2-3 Monate 2-3 month
alle Schichten all kinds	37,5 x 55,4 cm 4,7 cm	Rotation	Franc 5,– pro Spalte/mm column/mm	2 Tage 2 days

Zeitung, politische Richtung	Anschrift	Auflage	Sprache, Erscheinungsweise
Newspaper, Political Trend	*Address*	*Circulation*	*Language, Frequency of Issue*
Le Méridional – La France unabhängig independent	15, cours Honoré-d'Estienne - d'Orves, **Marseille**	135 000	französisch French täglich daily
Midi Libre unabhängig independent	12, rue d'Alger, **Montpellier**	225 000	französisch French täglich daily
Mode & Travaux Modezeitschrift Fashion news	10, rue de la Pepinière, **Paris 8**	1 850 000	französisch French monatlich monthly
Le Monde unabhängig independent	5, rue Italiens, **Paris 9**	457 000 - 478 000	französisch French täglich daily
La Montagne unabhängig independent	28, rue Morel-Ladeuil **Clermont-Ferrand**	240 000	französisch French täglich daily
Nice-Matin unabhängig independent	27-29, av.Jean Médicin **Nice**	250 000	französisch French täglich daily
Noir et Blanc unabhängig, Magazin independent, magazine	8, rue Lincoln, **Paris 8**	125 000	französisch French dienstags tuesday

Leserkreis Kind of Readers	Seitenzahl, Format, Spalte Pages, Size, Column	Druckverfahren, Bildraster Printing Method, Screen of Pictures	Anzeigenpreis Price of Advertising	Anzeigenschluß, ... vor Erscheinen Closing date ... before publication
alle Schichten all kinds	37,5 x 54 cm 4,7 cm	Rotation	nach Vereinbarung ask for details	
alle Schichten all kinds			Rückfrage erforder- lich, ask for details	
vorwiegend Frauen women in general	700 16,5 x 25,5 cm	Helio	Franc 27000,– - 43000,– pro Seite, page rate für Farbe nach Ver- einbarung, for colour ask for details	1 Monat 1 month
Führungskräfte, Professoren, Studenten, caders, profes- sers, students	32 30 x 45,9 cm 4,7 cm	Typographie 65	Franc 16000,– pro Seite, page rate Franc 16,– Farbe, colour pro Spalte/mm column/mm	2 Tage 2 days
alle Schichten all kinds	40,5 x 55 cm 4,8 cm	Rotation	Franc 6,50 pro Spalte/mm, column/mm	2 Tage 2 days
alle Schichten all kinds	39,7 x 56 cm 4,8 cm	Rotation	Franc 4,– pro Spalte/mm column/mm	2 Tage 2 days
alle Schichten all kinds	32 22,8 x 29,8 cm	Heliogravure	Franc 4000,– pro Seite, page rate Franc 6000,– - 7500,– für Farbe, for colour	15 Tage 15 days

Zeitung, politische Richtung	Anschrift	Auflage	Sprache, Erscheinungsweise
Newspaper, Political Trend	*Address*	*Circulation*	*Language, Frequency of Issue*
Nord-Eclair unabhängig independent	71, Grande Rue, **Roubaix 59**	104 000 120 000 sonntags sunday	französisch French täglich daily
Nord-Matin unabhängig independent	186, rue de Paris, **Lille**	190 000	französisch French täglich daily
Le Nouvel Adam unabhängig independent	18, rue royale **Paris 8**	100 000	französisch French monatlich monthly
La Nouvelle République du Centre-Ouest unabhängig independent	4-18, rue de la Préfecture, **Tours**	310 000	französisch French täglich daily
Ouest-France unabhängig independent	38, rue du Pre-Botte **Rennes**	800 000	französisch French täglich daily
Paris Match unabhängig, Illustrierte independent, illustrated news	51, rue Pierre-Charron, **Paris 8**	1 400 000	französisch French wöchentlich weekly
Paris-Normandie unabhängig independent	Place de Gaulle, **Rouen**	200 000	französisch French täglich daily
Le Parisien Libéré unabhängig independent	118, Champs Elysées, **Paris 8**	900 000	französisch French morgens morning

Leserkreis Kind of Readers	Seitenzahl, Format, Spalte Pages, Size, Column	Druckverfahren, Bildraster Printing Method, Screen of Pictures	Anzeigenpreis Price of Advertising	Anzeigenschluß, ... vor Erscheinen Closing date ... before publication
Ober- und Mittelschicht, upper and middle classes	16 40 x 55 cm 4,9 cm	Rotation 65	Franc 12000,– pro Seite, page rate 20% mehr/plus für Farbe, for colour	2 Tage 2 days
alle Schichten all kinds	40 x 55,4 cm 4,8 cm	Rotation	Franc 3,– pro Spalte/mm column/mm	2 Tage 2 days
Führungskräfte caders	120 22 x 28,5 cm 6 cm	Offset 120 - 133	US$ 880.– pro Seite, page rate US$ 1245.– für Farbe, for colour	40 Tage 40 days
alle Schichten all kinds	40,4 x 55 cm 3,1 cm	Rotation	Franc 8,– pro Spalte/mm column/mm	2 Tage 2 days
alle Schichten all kinds	33,9 x 46 cm 4,6 cm	Rotation	Franc 12,– - 14,– pro Spalte/mm column/mm	2 Tage 2 days
alle Schichten all kinds	23,5 x 31,6 cm 5,2 cm	Rotation	Rückfrage erforder- lich, ask for details	
alle Schichten all kinds	16 - 20 42 x 60 cm 4,8 cm	Typo 65	Franc 16000.– pro Seite, page rate 25-40% mehr/plus für Farbe, for colour	3 Tage 3 days
alle Schichten all kinds	38,8 x 54 cm 4,7 cm	Rotation	Franc 12,– - 14,– pro Spalte/mm column/mm	2 Tage 2 days

Frankreich

Zeitung, politische Richtung / *Newspaper, Political Trend*	Anschrift / *Address*	Auflage / *Circulation*	Sprache, Erscheinungsweise / *Language, Frequency of Issue*
Le Pelerin katholisch catholic	22 Cours Albert I, **Paris 8**	565 500	französisch French wöchentlich weekly
Presse-Océan unabhängig independent	7-8, allee Duguay-Trouin, **- 44 - Nantes**	94 000 - 96 000	französisch French täglich daily
Le Progrès unabhängig independent	85, rue de la République, **Lyon**	550 000	französisch French täglich daily
Le Provençal unabhängig independent	75, rue Francis-Davso, **Marseille**	360 000	französisch French täglich daily
Le Républicain / France Journal unabhängig independent	17, rue Serpenoise **Metz/Moselle**	250 000	französisch French täglich daily
République du Centre unabhängig independent	Rue de la Halbe Saran 45, **Orléans**	71 400 - 73 500	französisch French täglich daily
Sud-Ouest unabhängig independent	8, rue de Cheverus, **Bordeaux**	410 000	französisch French täglich daily
Le Télégramme de Brest et de L'Ouest unabhängig independent	**Morlaix**	140 000	französisch French täglich daily

Leserkreis *Kind of Readers*	Seitenzahl, Format, Spalte *Pages, Size, Column*	Druckverfahren, Bildraster *Printing Method, Screen of Pictures*	Anzeigenpreis *Price of Advertising*	Anzeigenschluß, ... vor Erscheinen *Closing date ... before publication*
	96 20,5 x 28,5 cm	Offset	Rückfrage erforder- lich, ask for details	
alle Schichten all kinds	40,4 x 54 cm 4,6 cm	Typo 65	Franc 44020,– pro Seite, page rate	2 Tage 2 days
alle Schichten all kinds	40 x 54,5 cm 4,7 cm	Rotation	Franc 16,– pro Spalte/mm column/mm	3 Tage 3 days
alle Schichten all kinds	39,6 x 54 cm 4,8 cm	Rotation	Franc 10,– pro Spalte/mm column/mm	2 Tage 2 days
alle Schichten all kinds	44 x 54 cm 4,8 cm	Rotation	Franc 4,– pro Spalte/mm column/mm	2 Tage 2 days
alle Schichten all kinds	15 42,5 x 60 cm 5,5 cm	Offset	Franc 7200,– pro Seite, page rate 30% mehr/plus für Farbe, for colour	2 Tage 2 days
alle Schichten all kinds	40 x 55,3 cm 4,8 cm	Rotation	Franc 7,– pro Spalte/mm column/mm	2 Tage 2 days
alle Schichten all kinds			Rückfrage erforder- lich, ask for details	

Zeitung, politische Richtung	Anschrift	Auflage	Sprache, Erscheinungsweise
Newspaper, Political Trend	*Address*	*Circulation*	*Language, Frequency of Issue*
L'Union unabhängig independent	87 Place d'Erlon **Reims 51**	177 560	französisch French täglich daily
La Vie Catholique Familienblatt family news	163 boulevard Malesherbes **Paris 17**	500 000	französisch French mittwochs wednesday
La Vie Française unabhängig, Wirtschaftsblatt independent, economic news	67, av.F.D. Roosevelt, **Paris 8**	130 000	französisch French wöchentlich weekly
La Voix du Nord unabhängig independent	8, Place du General de Gaulle, **Lille** Telex 81787	434 000	französisch French täglich daily
L'Yonne Républicaine unabhängig independent	8, rue de Temple, **89 Auxerre**	44 000	französisch French täglich daily

Leserkreis *Kind of Readers*	Seitenzahl, Format, Spalte *Pages, Size, Column*	Druckverfahren, Bildraster *Printing Method, Screen of Pictures*	Anzeigenpreis *Price of Advertising*	Anzeigenschluß, ... vor Erscheinen *Closing date ... before publication*
alle Schichten all kinds	16 40,3 x 54 cm 4,8 cm	Typo 65	Franc 2,40 - 3,— pro Spalte/mm column/mm 30% mehr/plus für Farbe, for colour	3 Tage 3 days
Katholiken Catholics	64 23,8 x 31 cm 4,7 cm	Heliogravure	Franc 7600,— pro Seite, page rate Franc 11000,— für Farbe, for colour	5 Wochen 5 weeks für Farbe 6 Wochen for colour 6 weeks
Wirtschafts- kreise economic circles	39,5 x 54 cm 4,7 cm	Rotation	Franc 5,— pro Spalte/mm column/mm	1 Woche 1 week
alle Schichten all kinds	18 - 20 40 x 55,4 cm 4,8 cm	Typographie 75	Franc 26592,— pro Seite, page rate Franc 31910,— für Farbe, for colour	3 Tage 3 days
alle Schichten all kinds	14 - 16 40 x 54,5 cm	Typographie 65	Franc 5012,— pro Seite, page rate 30% mehr/plus für Farbe, for colour	2 Tage 2 days

GRIECHENLAND / GREECE

Griechenland

Zeitung, politische Richtung	Anschrift	Auflage	Sprache, Erscheinungsweise
Newspaper, Political Trend	*Address*	*Circulation*	*Language, Frequency of Issue*
Acropolis	**Athen**	80 000	griechisch Greek morgens morning
Apogermatini	Botsis Mlotses, **Athen**	40 000	griechisch Greek abends evening
Athen News	Ermou 6 **Athen**	5 000	englisch English
Embros	**Athen**	25 000	griechisch Greek wöchentlich weekly
Ethnos	**Athen**	25 000	griechisch Greek abends evening
Makedonia	**Saloniki**	45 000	griechisch Greek morgens morning
Naftemboriki Wirtschaftszeitung economic news	Dragatsaniou 4, **Athen**	20 000	griechisch Greek täglich daily

Leserkreis	Seitenzahl, Format, Spalte	Druckverfahren, Bildraster	Anzeigenpreis	Anzeigenschluß, ... vor Erscheinen
Kind of Readers	_Pages, Size, Column_	_Printing Method, Screen of Pictures_	_Price of Advertising_	_Closing date ... before publication_
alle Schichten all kinds	36,8 x 59 cm 4,6 cm		Drs 8.– pro Spalte/mm column/mm	3 Tage 3 days
alle Schichten all kinds	37,8 x 58,5 cm 4,2 cm		Drs 10.– pro Spalte/mm colum/mm	3 Tage 3 days
Ober- und Mittelschicht upper and middle classes	36,8 x 45 cm 4,6 cm		Drs 4.– pro Spalte/mm column/mm	3 Tage 3 days
alle Schichten all kinds	37,8 x 56 cm 4,2 cm		Drs 5.– pro Spalte/mm column/mm	1 Woche 1 week
alle Schichten all kinds	38,4 x 58 cm 4,8 cm		Drs 6.– pro Spalte/mm column/mm	3 Tage 3 days
alle Schichten all kinds	38,4 x 58,5 cm 4,8 cm		Drs 7.50 pro Spalte/mm column/mm	3 Tage 3 days
Führungskräfte caders	22,5 x 32 cm 4,5 cm		Drs 6.– pro Spalte/mm column/mm	3 Tage 3 days

Griechenland

Zeitung, politische Richtung	Anschrift	Auflage	Sprache, Erscheinungsweise
Newspaper, Political Trend	*Address*	*Circulation*	*Language, Frequency of Issue*
Nea	3 Rue Christos Lada, **Athen**	80 000	griechisch Greek abends evening
Tachydromos	3 Rue Christos Lada, **Athen**	45 000	griechisch Greek wöchentlich weekly
Vima	3 Rue Christos Lada, **Athen**	25 000	griechisch Greek morgens morning
Vradini	**Athen**	25 000	griechisch Greek abends evening

Leserkreis *Kind of Readers*	Seitenzahl, Format, Spalte *Pages, Size, Column*	Druckverfahren, Bildraster *Printing Method, Screen of Pictures*	Anzeigenpreis *Price of Advertising*	Anzeigenschluß, ... vor Erscheinen *Closing date ... before publication*
alle Schichten all kinds	36,8 x 59 cm 4,6 cm		Drs 10.— pro Spalte/mm column/mm	3 Tage 3 days
alle Schichten all kinds	27,6 x 40 cm 4,6 cm		Drs 15000 pro Seite page rate	1 Woche 1 week
alle Schichten all kinds	36,8 x 59,5 cm 4,6 cm		Drs 9.— pro Spalte/mm column/mm	3 Tage 3 days
alle Schichten all kinds	38,7 x 56,5 cm 4,3 cm		Drs 8.— pro Spalte/mm column/mm	3 Tage 3 days

GROSSBRITANNIEN /
GREAT BRITAIN

Zeitung, politische Richtung *Newspaper, Political Trend*	Anschrift *Address*	Auflage *Circulation*	Sprache, Erscheinungsweise *Language, Frequency of Issu*
Belfast Telegraph unabhängig independent	Royal Avenue, **Belfast**	215 000	englisch English abends evening
Birmingham Evening Mail unabhängig independent	Colmore Circus, **Birmingham 4**	405 000	englisch English abends evening
Bolton Evening News unabhängig independent	Mealhouse Lane, **Bolton** (Lancashire)	86 700	englisch English abends evening
Bristol Evening Post unabhängig independent	Silver Street, **Bristol 1**	185 000	englisch English abends evening
Coventry Evening Telegraph unabhängig independent	Corporation Street, **Coventry**	122 000	englisch English abends evening
Courir and Adviser unabhängig independent	Bank Street, **Dundee**	122 000	englisch English täglich daily
Daily Express unabhängig independent	Fleet Street, **London E C 4**	3 950 000	englisch English morgens morning

Leserkreis *Kind of Readers*	Seitenzahl, Format, Spalte *Pages, Size, Column*	Druckverfahren, Bildraster *Printing Method, Screen of Pictures*	Anzeigenpreis *Price of Advertising*	Anzeigenschluß, ...vor Erscheinen *Closing date ...before publication*
alle Schichten all kinds	40,1 x 60,9 cm 4,5 cm	Rotation 65	Pfund/pound 650.— pro Seite, page rate Pfund/pound 50.— mehr/plus für Farbe, for colour	3 Tage 3 days
alle Schichten all kinds	40,1 x 62 cm 4,5 cm	Offset 65	Pfund/pound 1200.— pro Seite, page rate Pfund/pound 2400.— für Farbe, for colour	1 Woche 1 week
alle Schichten all kinds	16 39,7 x 55,8 cm 4,7 cm	Kopierpresse letterpress 65	Pfund/pound 250.— pro Seite, page rate Pfund/pound 333.— für Farbe, for colour	2 Tage 2 days
alle Schichten all kinds	26,7 x 40,5 cm 3,8 cm	Rotation 65	Pfund/pound 300.— 350.— pro Seite, page rate Pfund/pound 100.— mehr/plus für 3 Farben, for 3 colours	2 Tage 2 days
alle Schichten all kinds	26,8 x 40,5 cm 4,5 cm	Offset	Pfund/pound 180.— pro Seite, page rate Pfund/pound 360.— für Farbe, for colour	2 Tage 2 days
alle Schichten all kinds	38,1 x 55,9 cm	Rotation 65	Pfund/pound 310.— pro Seite, page rate	1 Tag 1 day
alle Schichten all kinds	36,8 x 55,8 cm 4,78 cm	65	Pfund/pound 5250.— pro Seite, page rate für Farbe nach Vereinbarung, for colour ask for details	1 Tag 1 day

Zeitung, politische Richtung	Anschrift	Auflage	Sprache, Erscheinungsweise
Newspaper, Political Trend	*Address*	*Circulation*	*Language, Frequency of Issu*
Daily Mail unabhängig independent	Northcliffe House, **London E C 4**	2 100 000	englisch English morgens morning
Daily Mirror unabhängig independent	Holborn Circus, **London E C 1**	5 000 000	englisch English morgens morning
Daily Record unabhängig independent	Hope Street, **Glasgow**	530 000	englisch English morgens morning
Daily Scetch unabhängig independent	Northcliffe House, **London E C 4**	915 000	englisch English morgens morning
Daily Telegraph unabhängig independent	135, Fleet Street, **London E C 4**	1 400 000	englisch English morgens morning
Eastern Evening News unabhängig independent	Redwell Street, **Norwich** (Norfolk)	72 900	englisch English abends evening
Evening Chronicle unabhängig independent	Thomson House, **Newcastle-upon-Tyne**	240 000	englisch English abends evening

Leserkreis	Seitenzahl, Format, Spalte	Druckverfahren, Bildraster	Anzeigenpreis	Anzeigenschluß, ... vor Erscheinen
Kind of Readers	*Pages, Size, Column*	*Printing Method, Screen of Pictures*	*Price of Advertising*	*Closing date ... before publication*
alle Schichten all kinds	38,7 x 55,8 cm 4,8 cm	Rotation 65	Pfund/pound 3000.– pro Seite, page rate für Farbe Rückfrage erforderlich, for colour ask for details	2 Tage 2 days
alle Schichten all kinds	26,6 x 33 cm 3,8 cm	Rotation 65	Pfund/pound 3472.– pro Seite, page rate	2 Tage 2 days
alle Schichten all kinds	28,7 x 38,1 cm 4,8 cm	Rotation 65	Pfund/pound 450.– pro Seite, page rate	1 Tag 1 day
alle Schichten all kinds	26,6 x 34,5 cm 3,2 cm	Rotation 65	Pfund/pound 7.– pro Spalte/in., column/in.	3 Tage 4 Farben 7 Wochen 3 days 4 colours 7 weeks
alle Schichten all kinds	38,2 x 55,9 cm 4,8 cm	Rotation 65	Pfund/pound 3400.– – 3900.– pro Seite, page rate	4 Tage 4 days
alle Schichten all kinds	27,9 x 38,1 cm 5,4 cm	Rotary Letterpress 65	Pfund/pound 109.– pro Seite, page rate	2 Tage 2 days
alle Schichten all kinds	40 x 55,9 cm 4,4 cm	Kopierpresse Letterpress 65	USS 1940.– pro Seite, page rate	2 Tage 2 days

Zeitung, politische Richtung	Anschrift	Auflage	Sprache, Erscheinungsweise
Newspaper, Political Trend	*Address*	*Circulation*	*Language, Frequency of Issue*
Evening Citizen unabhängig independent	Albion Street, **Glasgow C 1**	192 000	englisch English abends evening
Evening Gazette unabhängig independent	Gazette Building, **Middlesbrough**	120 000	englisch English abends evening
Evening News unabhängig independent	North Bridge, **Edinburgh 1**	160 000	englisch English abends evening
Evening News unabhängig independent	Northcliffe House, **London E C 4**	1 200 000	englisch English abends evening
Evening News unabhängig independent	Stanhope Road, **Portsmouth**	106 000	englisch English abends evening
Evening Sentinel unabhängig independent	Foundry St. Hanley **Stoke-on-Trent** Stl 5 HA	125 000	englisch English abends evening
Evening Standard unabhängig independent	47, Shoe Lane **London E C 4**	660 000	englisch English abends evening

Leserkreis	Seitenzahl, Format, Spalte	Druckverfahren, Bildraster	Anzeigenpreis	Anzeigenschluß, . . . vor Erscheinen
Kind of Readers	*Pages, Size, Column*	*Printing Method, Screen of Pictures*	*Price of Advertising*	*Closing date . . . before publication*
alle Schichten all kinds	38,2 x 55,9 cm 4,8 cm	Rotation 65	Pfund/pound 800.— pro Seite, page rate	4 Tage 4 days
alle Schichten all kinds	34,3 x 55,9 cm 3,8 cm	Rotation 65	Pfund/pound 425.— pro Seite, page rate Pfund/pound 50.— mehr/plus für Farbe, for colour	2 Tage 2 days
alle Schichten all kinds	40,1 x 55,9 cm 4,5 cm	Rotation 65	Pfund/pound 650.— pro Seite, page rate Pfund/pound 50.— mehr/plus für Farbe, for colour	2 Tage 2 days
alle Schichten all kinds	38,2 x 55,9 cm 4,8 cm	Rotation 65	Pfund/pound 2600.— - 3200.— pro Seite, page rate für Farbe nach Vereinbarung, for colour ask für details	2 Tage 2 days
alle Schichten all kinds	28,7 x 40,6 cm 4,8 cm	Rotation 65	Pfund/pound 160.— pro Seite, page rate für Farbe nach Vereinbarung, for colour ask für details	3 Tage 3 days
alle Schichten all kinds	16 39,3 x 55,8 cm 4,4 cm	Kopierpresse letterpress 55/60	Pfund/pound 360.— pro Seite, page rate	3 Tage 3 days
alle Schichten all kinds	28,7 x 55,9 cm 4,8 cm	Rotation 65	Pfund/pound 1200.— pro Seite, page rate	2 Tage 2 days

Zeitung, politische Richtung	Anschrift	Auflage	Sprache, Erscheinungsweise
Newspaper, Political Trend	*Address*	*Circulation*	*Language, Frequency of Issue*
Evening Times unabhängig independent	65, Buchanan Street, **Glasgow C 1**	195 000	englisch English abends evening
Express and Star and Shropshire unabhängig independent	Queen Street, **Wolverhampton**	275 000	englisch English abends evening
Financial Times unabhängig independent	Bracken House 10, Cannon Street, **London E C 4**	163 000 200 000 samstags saturday	englisch English täglich daily
The Guardian unabhängig independent	192 Grays Inn Road, **London W C 1** Telex 22 895	280 800	englisch English täglich daily
Guardian Journal unabhängig independent	Forman Street, **Nottingham** 54421 Telex 544?'		englisch English täglich daily
Hull Daily Mail unabhängig independent	84, Jameson Street, **Hull**	135 000	englisch English abends evening
The Journal unabhängig independent	Thomson House, **Newcastle-upon-Tyne**	115 000	englisch English täglich daily
Lancashire Evening Post unabhängig independent	127, Fishergate, **Preston**	145 000	englisch English abends evening

Leserkreis *Kind of Readers*	Seitenzahl, Format, Spalte *Pages, Size, Column*	Druckverfahren, Bildraster *Printing Method, Screen of Pictures*	Anzeigenpreis *Price of Advertising*	Anzeigenschluß, ... vor Erscheinen *Closing date ... before publication*
alle Schichten all kinds	28,6 x 37,8 cm 4,8 cm	Rotation 65	Pfund/pound 350.– pro Seite, page rate	2 Tage 2 days
alle Schichten all kinds	31,2 x 40,6 cm 4,5 cm	Rotation 65	Pfund/pound 420.– pro Seite, page rate 100% mehr/plus für Farbe, for colour	4 Tage 4 days
einflußreiche Wirtschaftskreise top management	31 38,5 x 56 cm 4,8 cm	Offset 26	US$ 4646.– pro Seite, page rate US$ 7800.– für Farbe, for colour	7 Tage 7 days
Ober- und Mittel- schicht upper and middle classes	18 40,6 x 57,2 cm 3,5 cm	Kopierpresse letterpress 65/75	US$ 3240.– pro Seite, page rate	3 Tage 3 Days
alle Schichten all kinds	12 39,3 x 55,8 cm	Kopierpresse letterpress 65	Pfund/pound 76.– pro Seite, page rate	1 Tag 1 day
alle Schichten all kinds	40,1 x 55,9 cm 4,5 cm	Rotation 55/60	Pfund/pound 400.– pro Seite, page rate	5 Tage 5 days
alle Schichten all kinds	40 x 55,9 cm 4,4 cm	Kopierpresse letterpress 65	US$ 1235.– pro Seite, page rate	2 Tage 2 days
alle Schichten all kinds	40,1 x 55,9 cm 4,5 cm	Rotation 55/65	Pfund/pound 420.– pro Seite, page rate für Farbe nach Ver- einbarung, for colour ask for details	3 Tage 3 days

Zeitung, politische Richtung	Anschrift	Auflage	Sprache, Erscheinungsweise
Newspaper, Political Trend	*Address*	*Circulation*	*Language, Frequency of Issue*
Leicester Mercury unabhängig independent	St. George Street, **Leicester**	120 000	englisch English abends evening
Liverpool Echo unabhängig independent	Victoria Street, **Liverpool**	400 000	englisch English abends evening
Manchester Evening News unabhängig independent	3, Cross Street, **Manchester**	470 000	englisch English abends evening
Morning Telegraph unabhängig independent	York Street, **Sheffield, S 1 1 PU**	700 000	englisch English abends evening
News Letter unabhängig independent	51-59 Donegall Street, **Belfast 1.** Telex 74407	66 000	englisch English täglich daily
News of the World unabhängig independent	30, Bouverie Street, **London E C 4**	6 200 000	englisch English sonntags sunday
Northern Echo unabhängig independent	Preistgate **Darlington**	115 000	englisch English morgens morning

Leserkreis *Kind of Readers*	Seitenzahl, Format, Spalte *Pages, Size, Column*	Druckverfahren, Bildraster *Printing Method, Screen of Pictures*	Anzeigenpreis *Price of Advertising*	Anzeigenschluß, ... vor Erscheinen *Closing date ... before publication*
alle Schichten all kinds	28,7 x 40,6 cm 4,8 cm	Rotation 65	Pfund/pound 290.– pro Seite, page rate	3 Tage 3 days
alle Schichten all kinds	42,9 x 61 cm 4,9 cm	Rotation 65	Pfund/pound 1100.– pro Seite, page rate für Farbe nach Ver- einbarung, for colour ask for details	4 Tage für Farbe 1 Monat 4 days for colour 1 month
alle Schichten all kinds	40,1 x 58,2 cm 4,5 cm	Rotation 65	Pfund/pound 1300.– pro Seite, page rate Pfund/pound 1700.– für Farbe, for colour	2 Tage 2 days
Mittelschicht middle classes	16 35,5 x 55,8 cm 4,4 cm	Kopierpresse letterpress 65	Pfund/pound 308.– pro Seite, page rate Pfund/pound 411.– für Farbe, for colour	2 Tage 2 days
alle Schichten all kinds		Kopierpresse letterpress 65	Pfund/pound 360.– pro Seite, page rate	2 Tage 2 days
alle Schichten all kinds	35,7 x 55,9 cm 4,5 cm	Rotation 55	Pfund/pound 8500.– pro Seite, page rate für Farbe nach Ver- einbarung, for colour ask für details	1 Woche 1 week
alle Schichten all kinds	38,3 x 55,9 cm 4,8 cm	Rotation 65	Pfund/pound 360.– pro Seite, page rate	2 Tage 2 days

Zeitung, politische Richtung	Anschrift	Auflage	Sprache, Erscheinungsweise
Newspaper, Political Trend	*Address*	*Circulation*	*Language, Frequency of Issue*
The Observer with colour magazine/mit Farbmagazin unabhängig independent	160, Queen Victoria Street, **London E C 4**	903 000	englisch English sonntags sunday
The People unabhängig independent	76 Long Acre, **London W C 2**	5 500 000	englisch English sonntags sunday
The Press and Journal unabhängig independent	20, Broad Street, **Aberdeen**	102 000	englisch English morgens morning
Scottish Daily Express unabhängig independent	Albion Street, **Glasgow**	630 000	englisch English morgens morning
South Wales Echo unabhängig independent	Thomson House, **Cardiff**	150 000	englisch English abends evening
The Star unabhängig independent	York Street, **Sheffield 1**	205 000	englisch English abends evening

Leserkreis *Kind of Readers*	Seitenzahl, Format, Spalte *Pages, Size, Column*	Druckverfahren, Bildraster *Printing Method, Screen of Pictures*	Anzeigenpreis *Price of Advertising*	Anzeigenschluß, ... vor Erscheinen *Closing date ... before publication*
alle Schichten all kinds	37 41,9 x 55,8 cm 5 cm Spalte Farbmagazin colour magazine 46 21,2 x 27,9 cm 5,8 cm	Kopierpresse letterpress 55/65 Farbmagazin colour magazine Rotogravure	Pfund/pound 3344.— pro Seite, page rate Farbmagazin, colour magazine Pfund/pound 850.— pro Seite, page rate	freitags friday 29-34 Tage/ days
alle Schichten all kinds	35,7 x 48,2 cm 4,5 cm	Rotation 55	Pfund/pound 43.— pro Spalte/in., column/in.	6 Tage 6 days
alle Schichten all kinds	35,7 x 55,9 cm 4,5 cm	Rotation 65	Pfund/pound 355.— pro Seite, page rate Pfund/pound 50.— mehr/plus für Farbe, for colour	2 Tage 2 days
alle Schichten all kinds	38,2 x 55,9 cm 4,8 cm	Rotation 65	Pfund/pound 1000.— pro Seite, page rate für Farbe nach Ver- einbarung, for colour ask for details	4 Tage 4 days
alle Schichten all kinds	38,2 x 55,9 cm 4,8 cm	Rotation 65	Pfund/pound 450.— pro Seite, page rate	2 Tage 2 days
alle Schichten all kinds	35,7 x 55,9 cm 4,5 cm	Rotation 65	Pfund/pound 650.— pro Seite, page rate für Farbe nach Ver- einbarung, for colour ask for details	2 Tage 2 days

Zeitung, politische Richtung	Anschrift	Auflage	Sprache, Erscheinungsweise
Newspaper, Political Trend	*Address*	*Circulation*	*Language, Frequency of Issue*
Sunday Express unabhängig independent	Fleet Street, **London E C 4**	4 250 000	englisch English sonntags sunday
Sunday Mail unabhängig independent	Hope Street, **Glasgow C 2**	770 000	englisch English sonntags sunday
Sunday Mercury unabhängig independent	Colmore Circus, **Birmingham** Telex 021-236 3366		englisch English sonntags sunday
Sunday Mirror unabhängig independent	Holborn Circus, **London E C 1**	5 200 000	englisch English sonntags sunday
Sunday News unabhängig independent	51-59 Donegall Street, **Belfast 1** Telex 74407	56 000	englisch English sonntags sunday
Sunday Post unabhängig independent	144, Port Dunas Road **Glasgow**	1 000 000	englisch English sonntags sunday
Sun unabhängig independent	96, long Acre, **London WC 2**	1 100 000	englisch English morgens morning

Leserkreis Kind of Readers	Seitenzahl, Format, Spalte Pages, Size, Column	Druckverfahren, Bildraster Printing Method, Screen of Pictures	Anzeigenpreis Price of Advertising	Anzeigenschluß, . . . vor Erscheinen Closing date . . . before publication
alle Schichten all kinds	28,7 x 55,9 cm 4,8 cm	Rotation 65	Pfund/pound 6750.— pro Seite, page rate für Farbe nach Ver- einbarung, for colour ask for details	5 Tage 5 days
alle Schichten all kinds	26,8 x 38 cm 4,5 cm	Rotation 65	Pfund/pound 5.— pro Spalte/in., column/in.	7 Tage 7 days
alle Schichten all kinds	25,7 x 40,6 cm 4,4 cm	Kopierpresse letterpress 65	Pfund/pound 295.— pro Seite, page rate	freitags friday
alle Schichten all kinds	30,4 x 36,8 cm 3,8 cm	Rotation 60/65	Pfund/pound 4000.— pro Seite, page rate Farbe nach Verein- barung, colour ask for details	1 Woche 1 week
alle Schichten all kinds	Kopierpresse letterpress 65		Pfund/pound 270.— pro Seite, page rate	2 Tage 2 days
alle Schichten all kinds	27 x 38,1 cm 4,5 cm	Rotation 65	Pfund/pound 900.— pro Seite, page rate	10 Tage 10 days
alle Schichten all kinds	35,7 x 45,3 cm	Rotation 65	Pfund/pound 11.— pro Spalte/in., column/in.	4 Tage 4 days

Großbritannien

Zeitung, politische Richtung	Anschrift	Auflage	Sprache, Erscheinungsweise
Newspaper, Political Trend	*Address*	*Circulation*	*Language, Frequency of Issue*
Sunday Sun unabhängig independent	Thomson House, **Newcastle-upon-Tyne**	115 000	englisch English sonntags sunday
Sunday Telegraph unabhängig independent	Fleet Street, **London EC 4**	712 000	englisch English sonntags sunday
Sunday Times unabhängig independent	200, Gray'Inn Road **London WC 1**	1 500 000	englisch English sonntags sunday
Telegraph and Argus unabhängig independent	Hall Ings, **Bredford**	150 000	englisch English abends evening
The Times unabhängig independent	Printing House Square, **London EC 4**	400 000	englisch English morgens morning
Western Mail unabhängig independent	Thomson House, **Cardiff,** Wales	100 000	englisch English täglich daily
Yorkshire Evening Post unabhängig independent	Albion Street, **Leeds**	265 000	englisch English täglich daily
Yorkshire Post unabhängig independent	Albion Street, **Leeds**	120 000	englisch English morgens morning

Leserkreis Kind of Readers	Seitenzahl, Format, Spalte Pages, Size, Column	Druckverfahren, Bildraster Printing Method, Screen of Pictures	Anzeigenpreis Price of Advertising	Anzeigenschluß, ... vor Erscheinen Closing date ... before publication
alle Schichten all kinds	40 x 55,9 cm 4,4 cm	Kopierpresse letterpress 65	US$ 1250.– pro Seite, page rate	2 Tage 2 days
alle Schichten all kinds	35,7 x 55,9 cm 4,5 cm	Rotation 65	Pfund/pound 2500.– pro Seite, page rate für Farbe nach Ver- einbarung, for colour ask for details	1 Woche 1 week
alle Schichten all kinds	35,7 x 55,9 cm 4,5 cm	Kopierpresse letterpress 55-65	Pfund/pound 5300.– pro Seite, page rate	8 Tage 8 days
alle Schichten all kinds	38,2 x 55,9 cm 4,8 cm	Rotation 60	Pfund/pound 400.– pro Seite, page rate 33% mehr/plus für Farbe, for colour	2 Tage 2 days
Ober-und Mittelschicht upper and middle classes	38,2 x 55,9 cm 4,8 cm	Rotation 65	Pfund/pound 2100.– – 2400.– pro Seite, page rate	3 Tage 3 days
alle Schichten all kinds	16 35,6 x 55,8 cm 3, 2 cm	Kopierpresse letterpress	Pfund/pound 3.– pro Spalte/in., column/in.	4 Tage 4 days
alle Schichten all kinds	40,1 x 55,9 cm 4,5 cm	Rotation 65	Pfund/pound 900.– pro Seite, page rate	4 Tage 4 days
alle Schichten all kinds	35,1 x 55,9 cm 3,3 cm	Rotation 65	Pfund/pound 500.– pro Seite, page rate	2 Tage 2 days

IRLAND / IRISH REPUBLIC

Zeitung, politische Richtung	Anschrift	Auflage	Sprache, Erscheinungsweise
Newspaper, Political Trend	*Address*	*Circulation*	*Language, Frequency of Issue*
Cork Evening Echo unabhängig independent	95, Patrick Street, **Cork**	35 000	englisch English abends evening
Cork Examiner unabhängig independent	95, Patrick Street **Cork**	55 000	englisch English morgens morning
Evening Herald unabhängig independent	90, Middle Abbey Street, **Dublin**	145 000	englisch English abends daily
Evening Press unabhängig independent	Irish Press House, **Dublin**	155 000	englisch English abends evening
The Irish Field unabhängig, Sportblatt (Pferderennen- und Zucht) independent, sporting news (horse racing and breeding)	31, Westmoreland Street **Dublin** Telex 5167	10 000	englisch English wöchentlich weekly
Irish Independent unabhängig independent	90, Middle Abbey Street **Dublin**	173 000	englisch English morgens morning
The Irish Press national	9, Connel Street, **Dublin**	102 000	englisch - irisch English - Irish täglich daily

Leserkreis Kind of Readers	Seitenzahl, Format, Spalte Pages, Size, Column	Druckverfahren, Bildraster *Printing Method, Screen of Pictures*	Anzeigenpreis *Price of Advertising*	Anzeigenschluß, . . . vor Erscheinen *Closing date . . . before publication*
alle Schichten all kinds		Kopierpresse Letterpress 65	nach Vereinbarung ask for details	
alle Schichten all kinds		Kopierpresse Letterpress 65	nach Vereinbarung ask for details	
alle Schichten all kinds		Kopierpresse Letterpress 65	nach Vereinbarung ask for details	
alle Schichten all kinds		Kopierpresse Letterpress 65	nach Vereinbarung ask for details	
Freunde und Geschäftsleute von Pferderennen und -zucht friends and businessmen of horse racing and breeding	20 29,2 x 38,1 cm 4,5 cm	Kopierpresse Letterpress 65	Pfund/pound 100.— pro Seite, page rate	7 Tage 7 days
alle Schichten all kinds		Kopierpresse Letterpress 65	nach Vereinbarung ask for details	
alle Schichten all kinds	5 cm	Kopierpresse Letterpress 55 - 65	Pfund/pound 678.— pro Seite, page rate für Farbe nach Vereinbarung for colour ask for details	1 Tag 1 day

Zeitung, politische Richtung	Anschrift	Auflage	Sprache, Erscheinungsweise
Newspaper, Political Trend	*Address*	*Circulation*	*Language, Frequency of Issue*
The Irish Times unabhängig independent	31, Westmoreland Street, **Dublin** Telex 5167	52 300	englisch English morgens morning
Sunday Independent unabhängig independent	90, Middle Abbey Street **Dublin**	330 000	englisch English wöchentlich weekly
The Sunday Press unabhängig independent	Irish Press House, **Dublin**	435 000	englisch English wöchentlich weekly

Leserkreis *Kind of Readers*	Seitenzahl, Format, Spalte *Pages, Size, Column*	Druckverfahren, Bildraster *Printing Method, Screen of Pictures*	Anzeigenpreis *Price of Advertising*	Anzeigenschluß, . . . vor Erscheinen *Closing date . . . before publication*
Ober- und Mittelschicht upper and middle classes	22 39,3 x 60,9 cm 4,5 cm	Kopierpresse Letterpress 65	Pfund/pound 550.— pro Seite, page rate für Farbe nach Ver- einbarung for colour ask for details	1 Tag 1 day
alle Schichten all kinds		Kopierpresse Letterpress 65	nach Vereinbarung ask for details	
alle Schichten all kinds		Kopierpresse Letterpress 65	nach Vereinbarung ask for details	

ISLAND / ICELAND

Island

Zeitung, politische Richtung	Anschrift	Auflage	Sprache, Erscheinungsweise
Newspaper, Political Trend	*Address*	*Circulation*	*Language, Frequency of Issue*
Dagur unabhängig independent	Reykjavik	6000	isländisch Icelandic wöchentlich weekly
Morgunbladid unabhängig independent	Reykjavik	35000	isländisch Icelandic morgens morning
Timinn unabhängig independent	Reykjavik	20000	isländisch Icelandic täglich daily
Visir unabhängig independent	Reykjavik	15000	isländisch Icelandic täglich daily

Leserkreis	Seitenzahl, Format, Spalte	Druckverfahren, Bildraster	Anzeigenpreis	Anzeigenschluß, ... vor Erscheinen
Kind of Readers	*Pages, Size, Column*	*Printing Method, Screen of Pictures*	*Price of Advertising*	*Closing date ... before publication*
alle Schichten all kinds			Rückfrage erforderlich ask for details	
alle Schichten all kinds			Rückfrage erforderlich ask for details	
alle Schichten all kinds			Rückfrage erforderlich ask for details	
alle Schichten all kinds			Rückfrage erforderlich ask for details	

ITALIEN / ITALY

Italien

Zeitung, politische Richtung *Newspaper, Political Trend*	Anschrift *Address*	Auflage *Circulation*	Sprache, Erscheinungsweise *Language, Frequency of Issue*
A B C Illustrierte illustrated news	Via Teocrito 48, **Milano**	600 000	italienisch Italian wöchentlich weekly
Amica Frauenzeitschrift women news	Via Solferino 28 **Milano**	435 000	italienisch Italian wöchentlich weekly
Annabella Frauenzeitschrift women news	Via Ćivitavecchia **Milano** 102,	450 000	italienisch Italian wöchentlich weekly
Auto Mark 3 unabhängig, Illustrierte independent, magazine illustrated news	Piazza Cavour 2, **Milano**	115 000	italienisch Italian monatlich monthly
Avanti unabhängig independent	Via della Guardiola **Roma** 22,	130 000	italienisch Italian täglich daily
L'Avenire d'Italia unabhängig independent	Via C. Boldrini 11, **Bologna**	90 000	italienisch Italian täglich daily
Corriere d'Informazione unabhängig independent	Via Solferino 28, **Milano**	160 000	italienisch Italian täglich daily
Corriere della Sera unabhängig independent	Via Solferino 28, **Milano**	600 000	italienisch Italian täglich daily

Leserkreis *Kind of Readers*	Seitenzahl, Format, Spalte *Pages, Size, Column*	Druckverfahren, Bildraster *Printing Method, Screen of Pictures*	Anzeigenpreis *Price of Advertising*	Anzeigenschluß, ... vor Erscheinen *Closing date ... before publication*
alle Schichten all kinds	23 x 31,6 cm 4,2 cm	Rotation	Rückfrage erforderlich ask for details	
vorwiegend Frauen women in general	24,4 x 34,4 cm	Rotation	Rückfrage erforderlich ask for details	
alle Schichten all kinds	24 x 33,4 cm 4,4 cm		Rückfrage erforderlich ask for details	
am Auto in- teressierte Leser readers inter- ested in cars	180 23,5 x 30 cm 7 cm	Rotogravure	US$ 800.— pro Seite, page rate US$ 1200.— für Farbe, for colour	6. jeden Monats 6th. of each month
alle Schichten all kinds	34 x 52,5 cm 4,3 cm	Rotation	Rückfrage erforderlich ask for details	
alle Schichten all kinds	41 x 52,8 cm 4,5 cm	Rotation	Rückfrage erforderlich ask for details	
alle Schichten all kinds	39,6 x 54,7 cm 4,3 cm	Rotation	Rückfrage erforderlich ask for details	
alle Schichten all kinds	39,6 x 54,7 cm 4,3 cm	Rotation	Rückfrage erforderlich ask for details	

Italien

Zeitung, politische Richtung	Anschrift	Auflage	Sprache, Erscheinungsweise
Newspaper, Political Trend	*Address*	*Circulation*	*Language, Frequency of Issue*
Domenica del Corriere Familienzeitschrift family magazine	Via Solferino, **Milano**	1 100 000	italienisch Italian wöchentlich weekly
Famiglia Cristiana unabhängig, Magazin independent, magazine	P/za S. Paolo, 14 **12051 Alba** (Cueno)	1 732 000	italienisch Italian wöchentlich weekly
Gazzetta del Popolo unabhängig independent	Corso Valdocco 2, **Torino**	115 000 140 000 Sonntag, sunday	italienisch Italian täglich daily
Gazzetta del Sud unabhängig independent	Via XXIV Maggio, **Messina**	55 000	italienisch Italian täglich daily
La Gazzetta dello Sport unabhängig independent	Piazza Cavour 2, **20121 Milano**	212 000 - 369 000	italienisch Italian täglich daily
Il Gazzettino unabhängig independent	Calle delle acque 5018, **Venezia**	160 000	italienisch Italian täglich daily
Il Giornale d'Italia unabhängig independent	Piazza Indipendenza, **Roma**	95 000	italienisch Italian täglich daily
Il Giorno unabhängig independent	Via A. Fava 20, **Milano**	275 000	italienisch Italian täglich daily

Leserkreis Kind of Readers	Seitenzahl, Format, Spalte Pages, Size, Column	Druckverfahren, Bildraster Printing Method, Screen of Pictures	Anzeigenpreis Price of Advertising	Anzeigenschluß, ... vor Erscheinen Closing date ... before publication
alle Schichten all kinds		Rotation 65	Rückfrage erforderlich ask for details	
Mittelschicht middle classes	¦00 21 x 29 cm	Rotogravure 70	Lire 2500000.– pro Seite, page rate Lire 4000000.– für Farbe, for colour	30 Tage 30 days für Farbe 45 Tage for colour 45 days
alle Schichten all kinds	40,5 x 52,5 cm 4,4 cm	Rotation	Rückfrage erforderlich ask for details	
alle Schichten all kinds	39,8 x 54 cm 4,4 cm	Rotation 65	Rückfrage erforderlich ask for details	
alle Schichten all kinds	12 - 16 43 x 58 cm 4 cm	Rotation	Lire 1417500.– - 2835000.– pro Seite, page rate	1 Tag 1 day
alle Schichten all kinds	39,7 x 53 cm 4,3 cm	Rotation 65	Rückfrage erforderlich ask for details	
alle Schichten all kinds	39,6 x 53 cm 4,2 cm	Rotation 65	Rückfrage erforderlich ask for details	
alle Schichten all kinds	40,5 x 54 cm 4,8 cm	Rotation 65	Rückfrage erforderlich ask for details	

Italien

Zeitung, politische Richtung	Anschrift	Auflage	Sprache, Erscheinungsweise
Newspaper, Political Trend	*Address*	*Circulation*	*Language, Frequency of Issue*
Giornale di Sicilia unabhängig independent	Via Lincoln 21 **Palermo**	85 000	italienisch Italian täglich daily
Il Mattino unabhängig independent	Via Chiatamone 65 **Napoli**	140 000	italienisch Italian täglich daily
Il Messagero unabhängig independent	Via del Tritone, **Roma**	270 000	italienisch Italian täglich daily
Momento Sera unabhängig independent	Via Due Macelli 23, **Roma**	80 000	italienisch Italian täglich daily
La Wazione unabhängig independent	Via F.Paolieri 2, **Firenze**	220 000	italienisch Italian täglich daily
La Notte / Corriere Lombardo unabhängig independent	Piazza Cavour 2, **Milano**	195 000	italienisch Italian täglich daily
Oggi Illustrierte, unabhängig illustrated news, independent	Via Civitavecchia 102 **Milano**	820 000	italienisch Italian wöchentlich weekly
Paese Sera unabhängig independent	Via dei Taurini 19, **Roma**	170 000	italienisch Italian täglich daily

Leserkreis *Kind of* *Readers*	Seitenzahl, Format, Spalte *Pages, Size,* *Column*	Druckverfahren, Bildraster *Printing Method,* *Screen of* *Pictures*	Anzeigenpreis *Price of* *Advertising*	Anzeigenschluß, ... vor Erscheinen *Closing date* *... before* *publication*
alle Schichten all kinds	16 39 x 54 cm 4,4 cm	Rotation	Lire 350.– pro Spalte/mm column/mm 50% mehr/plus für Farbe, for colour	1 Tag 1 day
alle Schichten all kinds	40,4 x 53,6 cm 4,3 cm	Rotation 65	Rückfrage erforderlich ask for details	
alle Schichten all kinds	43,2 x 54 cm 4,6 cm	Rotation 65	Rückfrage erforderlich ask for details	
alle Schichten all kinds	39,5 x 53 cm 4,4 cm	Rotation 65	Rückfrage erforderlich ask for details	
alle Schichten all kinds	39,8 x 53 cm	Rotation 65	Rückfrage erforderlich ask for details	
alle Schichten all kinds	39 x 53 cm 4,2 cm	Rotation 65	Rückfrage erforderlich ask for details	
alle Schichten all kinds	25,1 x 34,4 cm 4,6 cm	Rotation	Rückfrage erforderlich ask for details	
alle Schichten all kinds	39,5 x 54 cm 4,3 cm	Rotation 65	Rückfrage erforderlich ask for details	

Zeitung, politische Richtung *Newspaper, Political Trend*	Anschrift *Address*	Auflage *Circulation*	Sprache, Erscheinungsweise *Language, Frequency of Issu*
Il Piccolo unabhängig independent	Via Silvio Pellico 8, **Trieste**	65 000 85 000 Sonntag sunday	italienisch Italian täglich daily
Il Popolo unabhängig independent	Corso Rinascimento **Roma** 113,	100 000	italienisch Italian täglich daily
Il Presto del Carlino unabhängig independent	Via Milazzo 6, **Bologna**	220 000	italienisch Italian täglich daily
Roma unabhängig independent	Via C.Colombo 45, **Napoli**	80 000 - 115 000	italienisch Italian täglich daily
Il Secolo XIX unabhängig independent	Piazza de Ferrari 2, **Genua**	105 000	italienisch Italian täglich daily
La Sicilia unabhängig independent	Via S. Agata **Catania**	75 000	italienisch Italian täglich daily
Sogno unabhängig, Frauen- und Familienzeitschrift independent, women and family magazine	Viale Castrense 9 **Roma**	565 000	italienisch Italian wöchentlich weekly
La Stampa unabhängig independent	Via Roma 80 **Torino**	435 000	italienisch Italian täglich daily

Leserkreis *Kind of* *Readers*	Seitenzahl, Format, Spalte *Pages, Size,* *Column*	Druckverfahren, Bildraster *Printing Method,* *Screen of* *Pictures*	Anzeigenpreis *Price of* *Advertising*	Anzeigenschluß, ... vor Erscheinen *Closing date* *... before* *publication*
alle Schichten all kinds	40,5 x 54 cm 4,4 cm	Rotation 65	Rückfrage erforderlich ask for details	
mittlere und untere Schicht middle and lower classes	41,5 x 52 cm 4,5 cm	Rotation 65	Rückfrage erforderlich ask for details	
alle Schichten all kinds	39,8 x 53 cm 4,3 cm	Rotation 65	Rückfrage erforderlich ask for details	
alle Schichten all kinds	40,6 x 53 cm 4,4 cm	Rotation 65	Rückfrage erforderlich ask for details	
alle Schichten all kinds	43,2 x 54 cm 4,5 cm	Rotation 65	Rückfrage erforderlich ask for details	
alle Schichten all kinds	40 x 52 cm 4,3 cm	Rotation 65	Rückfrage erforderlich ask for details	
alle Schichten all kinds	23,5 x 32,5 cm 4,8 cm	Rotation	Rückfrage erforderlich ask for details	
alle Schichten all kinds	39,5 x 54 cm 4,2 cm	Rotation	Rückfrage erforderlich ask for details	

Italien

Zeitung, politische Richtung *Newspaper, Political Trend*	Anschrift *Address*	Auflage *Circulation*	Sprache, Erscheinungsweise *Language, Frequency of Issue*
Stampa Sera unabhängig independent	Via Roma 80, **Torino**	175 000	italienisch Italian täglich daily
Stop unabhängig, Frauenzeitschrift independent, women magazine	Via Borgogna 5, **Milano**	250 000	italienisch Italian wöchentlich weekly
Il Telegrafo unabhängig independent	Via Alfieri 9, **Livorno**	75 000	italienisch Italian täglich daily
Tempo unabhängig, Illustrierte independent, illustrated news	Via Ando Palazzi 18, Cinisello 20092 **Milano**	289 000	italienisch Italian wöchentlich weekly
Il Tempo unabhängig independent	Piazza Colonna 366, **Roma**	210 000 260 000 sonntags sunday	italienisch Italian täglich daily
Tuttosport unabhängig independent	Villa Villar 2, **Torino**	120 000 250 000 montags monday	italienisch Italian täglich daily
L'Unita unabhängig independent	Viale Fulvio Testi 75, **Milano**	450 000	italienisch Italian täglich daily
Vita politisches Magazin political magazine	Via Parigi 11 **Roma**	170 000	italienisch Italian wöchentlich weekly

Leserkreis *Kind of Readers*	Seitenzahl, Format, Spalte *Pages, Size, Column*	Druckverfahren, Bildraster *Printing Method, Screen of Pictures*	Anzeigenpreis *Price of Advertising*	Anzeigenschluß, ... vor Erscheinen *Closing date ... before publication*
alle Schichten all kinds	39,5 x 54 cm 4,2 cm	Rotation 65	Rückfrage erforderlich ask for details	
alle Schichten all kinds	22,8 x 31,5 cm 5,2 cm	Rotation	Rückfrage erforderlich ask for details	
alle Schichten all kinds	38,5 x 51,5 cm 4,6 cm	Rotation 65	Rückfrage erforderlich ask for details	
alle Schichten all kinds	116	Rotation 65	US$ 2359.— pro Seite, page rate US$ 3775.— für Farbe, for colour	2 Wochen 2 weeks für Farbe 4 Wochen for colour 4 weeks
alle Schichten all kinds	40,5 x 54 cm 4,4 cm	Rotation 65	Rückfrage erforderlich ask for details	
alle Schichten all kinds		65	Rückfrage erforderlich ask for details	
alle Schichten all kinds	40,5 x 52,5 cm 4,4 cm	Rotation 65	Rückfrage erforderlich ask for details	
alle Schichten all kinds	17,8 x 24,8 cm 5,5 cm	Rotation	Rückfrage erforderlich ask for details	

JUGOSLAWIEN / YUGOSLAVIA

Jugoslawien

Zeitung, politische Richtung *Newspaper, Political Trend*	Anschrift *Address*	Auflage *Circulation*	Sprache, Erscheinungsweise *Language, Frequency of Issue*
Borba	**Beograd**	90 000	täglich daily
Informator Wirtschaftsblatt economic news	Masarykova Ulica 1, **Zagreb** Telex 02-251	20 000	Mittwoch und Samstag wednesday and saturday
Kommunist Parteiorgan party organ	**Beograd**	90 000	wöchentlich weekly
Ljubljanski Dnernik	**Ljubljana**	140 000	täglich daily
Nova Makedonija	**Skopje**	110 000	täglich daily
Politika	**Beograd**	270 000	täglich daily
Politika Ekspress	**Beograd**	85 000	täglich daily
Vecer	**Skopje**	165 000	täglich daily
Vjesnik - Srijdu	**Zagreb**	300 000	wöchentlich weekly

Leserkreis *Kind of Readers*	Seitenzahl, Format, Spalte *Pages, Size, Column*	Druckverfahren, Bildraster *Printing Method, Screen of Pictures*	Anzeigenpreis *Price of Advertising*	Anzeigenschluß, ... vor Erscheinen *Closing date ... before publication*
alle Schichten all kinds		Rotation	Rückfrage erforderlich ask for details	
alle Schichten all kinds	24,5 x 33,5 cm	Buchdruck letterpress printing 60	US$ 400.— pro Seite page rate 10 - 50% mehr/plus für Farbe, for colour	8 Wochen 8 weeks
alle Schichten all kinds		Rotation	Rückfrage erforderlich ask for details	
alle Schichten all kinds			Rückfrage erforderlich ask for details	
alle Schichten all kinds			Rückfrage erforderlich ask for details	
alle Schichten all kinds			Rückfrage erforderlich ask for details	
alle Schichten all kinds			Rückfrage erforderlich ask for details	
alle Schichten all kinds			Rückfrage erforderlich ask for details	
alle Schichten all kinds			Rückfrage erforderlich ask for details	

LIECHTENSTEIN

Liechtenstein

Zeitung, politische Richtung	Anschrift	Auflage	Sprache, Erscheinungsweise
Newspaper, Political Trend	*Address*	*Circulation*	*Language, Frequency of Issue*
Liechtensteiner Vaterland katholisch catholic	**Vaduz**	3000	deutsch German Montag, Mittwoch, Freitag monday, wednesday, friday
Liechtensteiner Volksblatt unabhängig independent	**Vaduz**	4200	deutsch German 4 x wöchentlich 4 x weekly

Leserkreis	Seitenzahl, Format, Spalte	Druckverfahren, Bildraster	Anzeigenpreis	Anzeigenschluß, ... vor Erscheinen
Kind of Readers	*Pages, Size, Column*	*Printing Method, Screen of Pictures*	*Price of Advertising*	*Closing date ... before publication*
alle Schichten all kinds	29,7 x 43 cm 3,4 cm		Franc 0,17 pro Spalte/mm column/mm	2 Tage 2 days
alle Schichten all kinds	30 x 45 cm 3,6 cm		Franc 0,19 pro Spalte/mm, column/mm	2 Tage 2 days

LUXEMBURG / LUXEMBOURG

Luxemburg

Zeitung, politische Richtung	Anschrift	Auflage	Sprache, Erscheinungsweise
Newspaper, Political Trend	*Address*	*Circulation*	*Language, Frequency of Issu*
Das Familienblatt unabhängig independent	Accinauto-Building **Luxembourg**	26 900	deutsch German wöchentl. weekly
Letzeburger Journal unabhängig independent	123, rue Adolphe Fischer **Luxembourg-Gare**	10 000	französisch deutsch German, French täglich, daily
Luxemburger Wort christlich-sozial christian-social	6-8, rue Jean Origer, **Luxembourg** Telex 471 Luxwort Lux	71 500	deutsch französisch German,French täglich, daily
La Meuse Ausgabe, edition Luxembourg unabhängig independent	50, Place de Brouckère **Bruxelles** (Belgien)	10 000	französisch French täglich, daily
Le Républicain Lorrain France Journal unabhängig independent	45, rue Royale, **Luxembourg**	20 000	französisch French täglich, daily
Revue illustrierte Zeitschrift illustrated news	40, avenue de la Gare **Luxembourg**	29 000	wöchentlich weekly
Tageblatt / Journal d'Esch unabhängig independent	44, rue du Canal **Esch-sur-Alzette**	30 000	französisch deutsch French, German täglich, daily

Leserkreis *Kind of Readers*	Seitenzahl, Format, Spalte *Pages, Size, Column*	Druckverfahren, Bildraster *Printing Method, Screen of Pictures*	Anzeigenpreis *Price of Advertising*	Anzeigenschluß, . . . vor Erscheinen *Closing date . . . before publication*
alle Schichten all kinds	20 24,5 x 36,5 cm 6 cm	Rotation 60	US$ 205.— pro Seite, page rate Franc 8,— für Farbe, Spalte/mm for colour, column/mm	10 Tage 10 days
alle Schichten all kinds	32,8 x 48,5 cm 6 cm	Rotation	Franc 6,— pro Spalte/mm, column/mm	3 Tage 3 days
alle Schichten all kinds	22 36 x 51,2 cm 6 cm	Rotation 25	US$ 640.— pro Seite, page rate 40% mehr/plus für Farbe, for colour	2 Tage 2 days
alle Schichten all kinds	40 x 58 cm 4,9 cm	Rotation	Franc 4,50 pro Spalte/mm column/mm	4 Tage 4 days
alle Schichten all kinds	39 x 54 cm 4,9 cm	Rotation	Franc 7,— pro Spalte/mm column/mm	3 Tage 3 days
alle Schichten all kinds	19,5 x 27 cm 4,5 cm	Offset	Franc 6800,— pro Seite, page rate für Farbe Rückfrage erforderlich, for colour ask for details	1 Woche 1 week
alle Schichten all kinds	31 x 45,5 cm 6 cm	Rotation	Franc 7,5 pro Spalte/mm, column/mm	3 Tage 3 days

NIEDERLANDE / NETHERLANDS

Zeitung, politische Richtung	Anschrift	Auflage	Sprache, Erscheinungsweise
Newspaper, Political Trend	*Address*	*Circulation*	*Language, Frequency of Issue*
Algemeen Dagblad unabhängig independent	Witte de Withstraat 73, **Rotterdam**	188 000	niederländisch Dutch täglich daily
Algemeen Handels Blad unabhängig, Wirtschafts- zeitung, independent, economic news	Voorburgwal 234-40, **Amsterdam**	62 000	niederländisch Dutch täglich daily
Amersfoortsche Courant Veluws Dagblad unabhängig independent	Snouckaertlaan 9, **Amersfoort**	30 000	niederländisch Dutch täglich daily
Brabants Dagblad unabhängig independent	Emmaplein 2, **s-Hertogenbosch**	75 000	niederländisch Dutch täglich daily
Brabants Nieuwsblad unabhängig independent	Brabants Nieuwsblad Telex 35970 **Roosendaal**	36 000	niederländisch Dutch täglich daily
De Courant Nieuws van de Dag unabhängig independent	N.Z. Voorburgwal 255, **Amsterdam** Telex 12208	145 000	niederländisch Dutch morgens morning
Dagblad de Stem unabhängig independent	Reigerstraat 16, **Breda**	80 000	niederländisch Dutch täglich daily

Leserkreis *Kind of Readers*	Seitenzahl, Format, Spalte *Pages, Size, Column*	Druckverfahren, Bildraster *Printing Method, Screen of Pictures*	Anzeigenpreis *Price of Advertising*	Anzeigenschluß, ... vor Erscheinen *Closing date ... before publication*
alle Schichten all kinds	40,8 x 55,3 cm 4 cm	Rotation	US$ 1.— pro Spalte/mm column/mm	2 Tage 2 days
alle Schichten all kinds	40 x 54,5 cm 4 cm	Rotation	US$ 0.75 pro Spalte/mm column/mm	2 Tage 2 days
alle Schichten all kinds	38 x 53,5 cm 4 cm	Rotation 25	Hfl. 1200.— pro Seite, page rate für Farbe nach Vereinbarung, for colour ask for details	1 Tag 1 day
alle Schichten all kinds	41,8 x 55 cm 4 cm	Rotation	US$ 0.45 pro Spalte/mm column/mm	2 Tage 2 days
alle Schichten all kinds	45 x 62 cm 5,8 cm	Rotation 25	US$ 375.— pro Seite, page rate	1 Tag 1 day
Ober- und Mittelschicht, upper and middle classes	36 41 x 56,5 cm 4 cm	Rotation 25	Hfl. 0.90 pro Spalte/mm, column/mm für Farbe nach Vereinbarung, for colour ask for details	2 Tage 2 days
alle Schichten all kinds	41 x 55 cm 4 cm	Rotation	US$ 0.50 pro Spalte/mm column/mm	3 Tage 3 days

Zeitung, politische Richtung	Anschrift	Auflage	Sprache, Erscheinungsweise
Newspaper, Political Trend	*Address*	*Circulation*	*Language, Frequency of Issue*
Eindhovens Dagblad unabhängig independent	**Wal 2, Eindhoven** Telex 51289	75 600	niederländisch Dutch täglich daily
Elseviers Weekblad unabhängig, Magazin independent, magazine	Spuistraat 110-112, **Amsterdam**	130 000	niederländisch Dutch wöchentlich weekly
De Gelderlander unabhängig independent	Lange Hezelstr. 21, **Nijmegen** Telex 45176	97 000	niederländisch Dutch täglich daily
De Good-en Eemlander unabhängig independent	Groetstr. 21, **Hilversum**	55 000	niederländisch Dutch täglich daily
Haagsche Courant unabhängig independent	Wagenstraat 37 **Den Haag**	140 000	niederländisch Dutch täglich daily
Haarlems Dagblad-Ijmuider Courant-Beverwijkse Courant unabhängig independent	Grote Houtstraat 93, **Haarlem**	70 000	niederländisch Dutch täglich daily

Leserkreis *Kind of Readers*	Seitenzahl, Format, Spalte *Pages, Size, Column*	Druckverfahren, Bildraster *Printing Method, Screen of Pictures*	Anzeigenpreis *Price of Advertising*	Anzeigenschluß, ... vor Erscheinen *Closing date ... before publication*
Mittelklasse- Arbeiter und Intellektuelle workers of the middle classes, intellectuals	28 40 x 55,6 cm 4 cm	Rotation 25 - 28	Hfl. 2109.— pro Seite, page rate Hfl. 3084.— für Farbe, for colour	morgens 1 Tag morning 1 day
alle Schichten all kinds	41,7 x 54,5 cm 5,2 cm	Rotation	US$ 1.10 pro Spalte/mm column/mm	1 Woche 1 week
alle Schichten all kinds	40 x 55 cm 4 cm	Rotation 24	US$ 0.65 pro Spalte/mm column/mm	1 Tag 1 day
alle Schichten all kinds	40 x 54 cm	Rotation	US$ o.33 pro Spalte/mm column/mm	2 Tage 2 days
alle Schichten all kinds	39,8 x 51 cm 3,9 cm	Rotation	US$ 0.65 pro Spalte/mm column/mm	2 Tage 2 days
alle Schichten all kinds	38,4 x 51,5 cm 4,1 cm	Rotation 25	Hfl. 1575.90 pro Seite, page rate Hfl. 1800.— mehr/plus für Farbe, for colour	2 Tage 2 days

Zeitung, politische Richtung	Anschrift	Auflage	Sprache, Erscheinungsweise
Newspaper, Political Trend	*Address*	*Circulation*	*Language, Frequency of Issue*
Leeuwarder Courant unabhängig independent	Voorstreek 99, **Leeuwarden**	65 000	niederländisch Dutch täglich daily
Libelle unabhängig, Frauenzeitschrift, independent women news	N.V. Uitgevery De Spaarnestag Nassaublein 3 **Haarlem**	565 000	niederländisch Dutch wöchentlich weekly
Limburgs Dagblad unabhängig independent	Nobelstraat 21, **Heerlen**	75 000	niederländisch Dutch täglich daily
Margriet unabhängig, Frauenzeitschrift, independent, women news	De Geillustreede Pers. N.V. Stadhouderskade 85, **Amsterdam**	1 485 000	niederländisch Dutch samstags saturday
Nieuwe Apeldoornse Courant neutral	Kanaalstraat 8, **Apeldoorn**	44 000	niederländisch Dutch täglich daily

Leserkreis Kind of Readers	Seitenzahl, Format, Spalte Pages, Size, Column	Druckverfahren, Bildraster Printing Method, Screen of Pictures	Anzeigenpreis Price of Advertising	Anzeigenschluß, ... vor Erscheinen Closing date ... before publication
alle Schichten all kinds	28 41 x 56,5 cm 4 cm	Rotation 24	US$ 440.− pro Seite, page rate	1 Tag 1 day
Frauen der Mittelschicht women in the middle classes	120 20,8 x 25,8 cm	Tiefdruck rotogravure	Hfl. 5056.− pro Seite, page rate Hfl. 8356.− für Farbe, for colour	25 Tage für Farbe 6 Wochen 25 days for colour 6 weeks
alle Schichten all kinds	42 x 55 cm 4 cm	Rotation	US$ 0.50 pro Spalte/mm column/mm	2 Tage 2 days
vorwiegend Frauen women in general	20,8 x 25,8 cm	Rotation	Hfl. 12200.− pro Seite, page rate für Farbe nach Verein- barung, for colour ask for details	4 Wochen für Farbe 7 Wochen 4 weeks for colour 7 weeks
Einwohner von Apeldoorn und Umgebung inhabitants of Apeldoorn and environs	20 42,7 x 57,5 cm 5,6 cm	Rotation	US$ 0.30 pro Spalte/mm column/mm für Farbe nach Verein- barung, for colour ask for details	3 Tage 3 days

Zeitung, politische Richtung	Anschrift	Auflage	Sprache, Erscheinungsweise
Newspaper, Political Trend	Address	Circulation	Language, Frequency of Issue
De Nieuwe Limburger unabhängig independent	Wolfstraat 17, **Maastricht**	67 000	niederländisch Dutch täglich daily
Nieuwe Rotterdamse Courant unabhängig independent	Witte de Withstraat 73, **Rotterdam**	60 000	niederländisch Dutch täglich daily
Nieuwsblad van het Noorden unabhängig independent	Ged.Zuiderdiep 24, **Groningen** Telex 53357	110 000	niederländisch Dutch täglich daily
Het Parool unabhängig independent	Wibautstraat 131, **Amsterdam** Telex 12134	180 000	niederländisch Dutch täglich daily
Prinses unabhängig, Frauenzeitschrift, independent, women news	Industrieweg 3, **Wageningen**	230 000	niederländisch Dutch wöchentlich weekly
Rotterdamsch Nieuwsblad unabhängig independent	Schiedhamsevest 1, **Rotterdam**	67 000	niederländisch Dutch täglich daily
De Spiegel unabhängig, Magazin independent, magazine	**Wageningen** Telex 54365	220 000	niederländisch Dutch wöchentlich weekly

Leserkreis Kind of Readers	Seitenzahl, Format, Spalte Pages, Size, Column	Druckverfahren, Bildraster Printing Method, Screen of Pictures	Anzeigenpreis Price of Advertising	Anzeigenschluß, ... vor Erscheinen Closing date ... before publication
alle Schichten all kinds	38,5 x 54 cm 4,2 cm	Rotation	US$ 0.45 pro Spalte/mm column/mm	2 Tage 2 days
alle Schichten all kinds	40,8 x 55,3 cm 4 cm	Rotation	US$ 0.70 pro Spalte/mm column/mm	2 Tage 2 days
alle Schichten all kinds	28 36 x 50 cm	Rotation 25	Hfl. 2025.— pro Seite, page rate Hfl. 1000.— mehr/ plus für Farbe, for colour	1 Tag 1 day
alle Schichten all kinds	30 42 x 55 cm 4 cm	Rotation 28	Hfl. 5005.— pro Seite, page rate	1 Tag 1 day
vorwiegend Frauen, women in general	20 x 26 cm 5,2 cm	Rotation	Hfl. 2200.— pro Seite, page rate für Farbe nach Ver- einbarung, for colour ask for details	1 Woche 1 week
alle Schichten all kinds	37,7 x 51,6 cm 4 cm	Rotation	US$ 0.55 pro Spalte/mm column/mm	2 Tage 2 days
alle Schichten all kinds	68 20,2 x 28 cm	Rotation	Hfl. 2620.— pro Seite, page rate Hfl. 600.— - 2200.— mehr/plus für Farbe, for colour	25 Tage für Farbe 6 Wochen 25 days for colour 6 weeks

Zeitung, politische Richtung *Newspaper, Political Trend*	Anschrift *Address*	Auflage *Circulation*	Sprache, Erscheinungsweise *Language, Frequency of Issue*
De Telegraaf unabhängig independent	N.Z.Voorburgwal 225, **Amsterdam** Telex 12208	395 000	niederländisch Dutch täglich daily
De Tijd unabhängig independent	Voorburgwal 65-73 **Amsterdam**	100 000	niederländisch Dutch täglich daily
Trouw unabhängig independent	Voorburgwal 276-280, **Amsterdam**	108 000	niederländisch Dutch täglich daily
Tubantia unabhängig independent	Getfertsingel 41, **Enschede**	60 000	niederländisch Dutch täglich daily
Utrechtsch Nieuwsblad N.V. unabhängig independent	Drift 23 **Utrecht**	78 000	niederländisch Dutch täglich daily
Het Vaderland unabhängig independent	Parkstraat 25-27 **Den Haag**	40 000	niederländisch Dutch täglich daily
De Volkskrant unabhängig independent	Wibautstraat 148-150 **Amsterdam**	180 000	niederländisch Dutch täglich daily
Het Vrije Volk unabhängig independent	Hakeveld 15, **Amsterdam**	285 000	niederländisch Dutch täglich daily

Leserkreis	Seitenzahl, Format, Spalte	Druckverfahren, Bildraster	Anzeigenpreis	Anzeigenschluß, ... vor Erscheinen
Kind of Readers	*Pages, Size, Column*	*Printing Method, Screen of Pictures*	*Price of Advertising*	*Closing date ... before publication*
Ober- und Mittel-schicht, upper and middle classes	48 41 x 56,5 cm	Rotation 25	Hfl. 2.10 pro Spalte/mm column/mm für Farbe nach Ver-einbarung, for colour ask for details	1 Tag 1 day
alle Schichten all kinds	41 x 55 cm 4 cm	Rotation	US$ 0.85 pro Spalte/mm column/mm	2 Tage 2 days
alle Schichten all kinds	40,9 x 54 cm 4 cm	Rotation	US$ 1.15 pro Spalte/mm column/mm	2 Tage 2 days
alle Schichten all kinds	35,5 x 51,5 cm 3,8 cm	Rotation	US$ 0.50 pro Spalte/mm column/mm	2 Tage 2 days
Mittelschicht middle classes	28 39,4 x 54,8 cm 4,2 cm	Rotation 26	Hfl. 1900.— pro Seite, page rate	1 Tag 1 day
alle Schichten all kinds	42 x 55 cm 4 cm	Rotation	US$ 0.50 pro Spalte/mm column/mm	2 Tage 2 days
alle Schichten all kinds	41,5 x 55 cm 4 cm	Rotation	US$ 1.10 pro Spalte/mm column/mm	2 Tage 2 days
alle Schichten all kinds	38 x 53 cm 4 cm	Rotation	US$ 2.45 pro Spalte/mm column/mm	3 Tage 3 days

NORWEGEN / NORWAY

Zeitung, politische Richtung	Anschrift	Auflage	Sprache, Erscheinungsweise
Newspaper, Political Trend	*Address*	*Circulation*	*Language, Frequency of Issue*
Aftenposten unabhängig independent	Akersgt. 51 **Oslo** Telex 1230	185 000 215 111 am Wochen- ende, week- end	norwegisch Norwegian täglich daily
Aktuell Zeitschrift der Arbeiter-Partei magazine of the Labourparty	Youngstorget 2 B, **Oslo**	70 000	norwegisch Norwegian samstags saturday
Alle Kvinners Blad unabhängig, Frauenzeitschrift independent, women's magazine	Akersgt. 8 **Oslo 1**	114 000	norwegisch Norwegian wöchentlich weekly
Alle Menns Blad unabhängig, Herren-Zeit- schrift , independent, men's journal	Akersgt. 8, **Oslo 1**	55 600	norwegisch Norwegian wöchentlich weekly
Allers unabhängig, Familien-Magazin independent, family magazine	49, Storgaten **Oslo 1** Telex 1088	230 200	norwegisch Norwegian mittwochs wednesday
Arbeiderbladet sozialdemokratisch social democratic	Youngstorget 2 A, **Oslo 1** Telex 16 297	69 000 78 700 am Wochen- ende weekend	norwegisch Norwegian täglich daily
Bergens Tidende unabhängig independent	Nygardsgatan 5-11, **Bergen**	76 000	norwegisch Norwegian täglich daily

Leserkreis *Kind of* *Readers*	Seitenzahl, Format, Spalte *Pages, Size,* *Column*	Druckverfahren, Bildraster *Printing Method,* *Screen of* *Pictures*	Anzeigenpreis *Price of* *Advertising*	Anzeigenschluß, . . . vor Erscheinen *Closing date* *. . . before* *publication*
alle Schichten all kinds	39,2 x 53,2 cm 4,9 cm	Offset	Kr 3 pro Spalte/mm column/mm	1 Tag 1 day
alle Schichten all kinds	48 20,5 x 27,9 cm 4,9 cm	Rotation	nach Vereinbarung ask for details	20 Tage 20 days
vorwiegend Frauen, women in general	84 20,3 x 26,5 4,5 cm		Kr 3000.— pro Seite, page rate Kr 5200.— für Farbe, for colour	8 Wochen 8 weeks
vorwiegend Männer, men in general	64 - 72 19,4 x 26,2 cm 4,4 cm	Offset	Kr 1200.— pro Seite, page rate Kr 2000.— für Farbe, for colour	8 Wochen 8 weeks
alle Schichten all kinds	100 21,9 x 30,2 cm 2 inch.	Offset 48	Kr 6000.— pro Seite, page rate Kr 10500.— für Farbe, for colour	9 Wochen 9 weeks
alle Schichten all kinds	24 4,9 cm	Rotation 26	US$ 1363.— - 1825.— pro Seite, page rate	1 Tag 1 day
alle Schichten all kinds	34,4 x 52,5 cm 4,9 cm		Kr 1.75 pro Spalte/mm column/mm	

Zeitung, politische Richtung	Anschrift	Auflage	Sprache, Erscheinungsweise
Newspaper, Political Trend	_Address_	_Circulation_	_Language, Frequency of Issue_
Dagbladet unabhängig independent	Akersgaten 49 **Oslo 1**	90 000 120 000 am Wochenende	norwegisch Norwegian täglich daily weekend
Det Nye unabhängig independent	Sorkedalsveien 10 A, **Oslo 3** Telex 1890 "Pressmort"	129 800	norwegisch Norwegian wöchentlich weekly
Familien unabhängig, Familienmagazin independent, family-magazine	Lille Grensen 3, **Oslo 1**	82 000	norwegisch Norwegian 2 x wöchentlich bi-weekly
Haugesunds Avis liberal liberal	**5501 Haugesund**	21 600	norwegisch Norwegian täglich daily
Hjemmet unabhängig independent	Kristian 4's gate 13, **Oslo 1** Telex 6677, Novel, Oslo	155 000	norwegisch Norwegian wöchentlich weekly
Lofotposten unabhängig independent	**Svolvær,** Telex 4102	20 450	norwegisch Norwegian täglich daily
Morgenbladet unabhängig independent	**Oslo**	16 000	norwegisch Norwegian morgens morning
Nordlys Arbeiter-Partei labour-party	Groennegt. 110-112 **Tromsoe**	22 500	norwegisch Norwegian täglich daily

Leserkreis	Seitenzahl, Format, Spalte	Druckverfahren, Bildraster	Anzeigenpreis	Anzeigenschluß, ... vor Erscheinen
Kind of Readers	*Pages, Size, Column*	*Printing Method, Screen of Pictures*	*Price of Advertising*	*Closing date ... before publication*
alle Schichten all kinds	34,4 x 52,5 cm 4,9 cm		Kr 1.50 pro Spalte/mm column/mm	1 Tag 1 day
alle Schichten all kinds	80 19,4 x 27,3 cm 4,5 cm	Offset 54	Kr 3400.— pro Seite, page rate Kr 6000.— für Farbe, for colour	8 Wochen 8 weeks
alle Schichten all kinds	48 - 56 25,2 x 34 cm 5,6 cm	Rotation	Kr 2400.— pro Seite, page rate Kr 4000.— für Farbe, for colour	8 Wochen 8 weeks
alle Schichten all kinds	16 - 24 4,9 cm	Rotation	nach Vereinbarung ask for details	2 Tage 2 days
Hausfrauen, Familien housewives, families	22,6 x 31,1 cm 5,4 cm	Rotation	Kr 3570.— pro Seite, page rate Kr 6400.— für Farbe, for colour	8 Wochen 8 weeks
alle Schichten all kinds	22 24,5 x 40 cm 4,9 cm	Stereotyp 25	nach Vereinbarung ask for details	3 Tage 3 days
alle Schichten all kinds	34,3 x 52 cm 4,9 cm		Kr 2 pro Spalte/mm column/mm	
alle Schichten all kinds	18 29,4 x 44 cm 4,9 cm	Stereotyp	Kr 0.80 pro Spalte/mm column/mm	1 Tag 1 day

Zeitung, politische Richtung	Anschrift	Auflage	Sprache, Erscheinungsweise
Newspaper, Political Trend	*Address*	*Circulation*	*Language, Frequency of Issue*
Norges Handels- og Sjofarts-Tidende Wirtschaftszeitung, unabhängig economic news, independent	P.O.Box 108 **Oslo**	15 000	norwegisch Norwegian täglich daily
Norsk Ukblad unabhängig independent	Sokedalsveien 10 A **Oslo 3** Telex 1890 "Pressmort"	275 000	norwegisch Norwegian wöchentlich weekly
Oppland Arbeiderblad Arbeiter-Partei labour-party	**Gjoewik** Telex 1443		norwegisch Norwegian täglich daily
Romantikk unabhängig, Jugend-Magazin independent, youth-magazine	Storgaten 31, **Oslo 1**	60 000	norwegisch Norwegian wöchentlich weekly
Stavanger Aftenblad unabhängig, liberal independent, liberal	Verksgt. 1a, **Stavanger** Telex 3114	45 000	norwegisch Norwegian täglich daily
Varden konservativ conservative	Prinsessegaten 8 **Skien**	23 100	norwegisch Norwegian täglich daily
Verdens Gang unabhängig independent	Akersgaten 34, **Oslo 1**	40 000 80 000 am Wochen- ende weekend	norwegisch Norwegian täglich daily
Vi Menn unabhängig independent	Sorkedalsvein 10 A, **Oslo 3** Telex 1890 "Pressmort"	102 200	norwegisch Norwegian wöchentlich weekly

Leserkreis Kind of Readers	Seitenzahl, Format, Spalte Pages, Size, Column	Druckverfahren, Bildraster Printing Method, Screen of Pictures	Anzeigenpreis Price of Advertising	Anzeigenschluß, ... vor Erscheinen Closing date ... before publication
Industrielle, Geschäftsleute, industrials, businessmen	34,3 x 52 cm 4,9 cm		Kr 1.70 pro Spalte/mm column/mm	
alle Schichten all kinds	96 22,5 x 31 cm 5,4 cm	70	Kr 6600.— pro Seite, page rate Kr 11550.— für Farbe, for colour	8 Wochen 8 weeks
alle Schichten all kinds	24 24,5 x 40 cm 4,9 cm	Offset	Kr 0.75 pro Spalte/mm column/mm	täglich daily
Jugend Youth	52 10,4 x 14,5 cm 4,9 cm	Kopierpresse letterpress 24	Kr 500.— pro Seite, page rate Kr 1000.— für Farbe, for colour	8 Wochen 8 weeks
Ortsansässige local population	22 39,2 x 52 cm 4,9 cm	Rotation 24	US$ 615.— pro Seite, page rate US$ 957.— für Farbe, for colour	2 Tage 2 days
alle Schichten all kinds	18 34,5 x 49 cm 4,9 cm	Stereotyp 26	US$ 0.12 pro Spalte/mm US$ 0.29 für Farbe, for colour	2 Tage 2 days
alle Schichten all kinds	30 24,5 x 39 cm 4,9 cm	Rotation	nach Vereinbarung ask for details	1 Tag 1 day
alle Schichten all kinds	56 22,5 x 31 cm 5,4 cm		Kr 3200.— pro Seite, page rate Kr 4000.— für Farbe, for colour	8 Wochen 8 weeks

ÖSTERREICH / AUSTRIA

Zeitung, politische Richtung	Anschrift	Auflage	Sprache, Erscheinungsweise
Newspaper, Political Trend	*Address*	*Circulation*	*Language, Frequency of Issue*
Express unabhängig independent	Muthgasse **1190 Wien** Telex 07/4327	310 000	deutsch German 2 x täglich 2 x daily
Die Frau sozialistische Frauenzeitschrift socialist women's periodical	Rechte Wienzeile 97 **1051 Wien** Telex 01/2553	186 200	deutsch German wöchentlich weekly
Freiheit christlich-demokratisch christian democratic	Laudongasse 16 **1082 Wien**	20 000	deutsch German donnerstags thursday
Grazer Montag unabhängig independent	Schoenaugasse 64 **A-8011 Graz** Telex 03 1702 03 1287	80 000	deutsch German montags monday
Kleine Zeitung unabhängig independent	Schoenaugasse 64 **A-8011 Graz** Telex 03 1702 03 1287	118 769 147 275 am Wochen- ende, weekend	deutsch German täglich außer Montag daily exept monday
Kurier unabhängig independent	Lindengasse 52 **A-1072 Wien**	473 119 581 250 am Wochen- ende, week- end	deutsch German 2-3 x täglich daily
Linzer Volksblatt unabhängig independent	Landgasse 41 **4010 Linz** Telex 02/1235	18 238 23 626 am Wochen- ende, week- end	deutsch German täglich daily

Leserkreis / *Kind of Readers*	Seitenzahl, Format, Spalte / *Pages, Size, Column*	Druckverfahren, Bildraster / *Printing Method, Screen of Pictures*	Anzeigenpreis / *Price of Advertising*	Anzeigenschluß, ... vor Erscheinen / *Closing date ... before publication*
alle Schichten all kinds	27,5 x 40 cm 3,3 cm	28 - 34	S 46400.– pro Seite, page rate 50% mehr/plus für Farbe, for colour	täglich daily
vorwiegend Frauen women in general	32 20 x 27	Buchdruck letterpress printing 30	S 23000.– pro Seite, page rate 40000 S für Farbe, for colour	3-6 Wochen 3-6 weeks
politisch Interessierte political interested	10 26,6 x 40 cm 5,1 - 6,2 cm	Rotation 25	US$ 495.– pro Seite, page rate 50% mehr/plus für Farbe, for colour	montags monday
alle Schichten all kinds	12 27 x 40 cm 5,3 cm	Rotation 24	S 22400.– pro Seite, page rate	freitags friday
alle Schichten all kinds	32 20,5 x 27,5 cm 6,8 cm	Rotation 24	S 16000.– - 19000.– pro Seite, page rate S 36000.– für Farbe, for colour	1 Tag 1 day
alle Schichten all kinds	20 - 32 78 - 120 am Wochen- ende,weekend 31,5 x 46 cm 3,3 cm	Rotation 26	S 57600.– - 64000.– pro Seite, page rate S 59000.– für Farbe am Wochen- ende, for colour week- ends	1 Tag 1 day donners- tags für Samstag thursday for saturday
alle Schichten all kinds	12 28 am Wochen- ende, week- end	Buchdruck- Rotation letterpress- rotation	US$ 434.– pro Seite, page rate US$ 62.– mehr/plus für Farbe, for colour	täglich daily

Zeitung, politische Richtung	Anschrift	Auflage	Sprache, Erscheinungsweise
Newspaper, Political Trend	*Address*	*Circulation*	*Language, Frequency of Issue*
Mühlvierteler Nachrichten unabhängig independent	Landstr. 41 **4010 Linz** Telex 02/1235	22 200	deutsch German wöchentlich weekly
Neue Zeit sozialistische Partei Österreichs Austrian Socialist Party	Stempfergasse 3-7 **8011 Graz** Telex 03/1353	60 000	deutsch German täglich daily
Die Neue Zeitung unabhängig independent	Sonnenhofgasse 8 **1051 Wien**	87 000 - 107 000 202 000 sonntags sunday	deutsch German täglich daily
Neue Illustrierte Wochenschau unabhängig independent	Kaiserstr. 8-10 **1072 Wien**	330 000	deutsch German wöchentlich weekly
Niederösterreichische Nachrichten unabhängig independent	Linzerstr. 3-7 **A-3100 St.Pölten**	53 500	deutsch German wöchentlich weekly
Oberösterreichische Nachrichten unabhängig independent	Promenade 23 **Linz/Donau**	61 500 91 100 am Wochenende,weekend	deutsch German täglich daily
Rieder Volkszeitung unabhängig independent	Bahnhofstr. 5-7 **4910 Ried im Innkreis** Telex 027/710	22 400	deutsch German mittwochs wednesday
RZ-Illustrierte Romanzeitung unabhängig independent	Kaiserstr. 8-10 **1072 Wien**	106 000	deutsch German wöchentlich weekly

Leserkreis *Kind of Readers*	Seitenzahl, Format, Spalte *Pages, Size, Column*	Druckverfahren, Bildraster *Printing Method, Screen of Pictures*	Anzeigenpreis *Price of Advertising*	Anzeigenschluß, ... vor Erscheinen *Closing date ... before publication*
alle Schichten all kinds	64 23 x 32 cm 5,7 cm	Buchdruck-rotation letterpress-rotation 28	US$ 129.— pro Seite, page rate US$ 45.— mehr/plus für Farbe, for colour	dienstags tuesday
alle Schichten all kinds	27,8 x 41,5 cm 3,4 cm	Rotation 23	S 20000.— pro Seite, page rate 20% mehr/plus für Farbe, for colour	1 Tag 1 day
alle Schichten all kinds	25 20 x 27 cm 3,3 x 5 cm	Rotation 25	US$ 518.— - 648.— pro Seite, page rate 25% mehr/plus für Farbe, for colour	1 Tag 1 day
alle Schichten all kinds	48 23,2 x 35 cm 2,3 cm	Rotation 35	S 35000.— pro Seite, page rate S 61250.— für Farbe, for colour	dienstags tuesday
alle Schichten all kinds	24 28 x 42 cm	Rotation 25	US$ 1350.— pro Seite, page rate	10 Tage 10 days
alle Schichten all kinds	18 52 samstags, saturday 21,4 x 28 cm 3,3 cm	Rotation 24	S 24900.— - 28220.— pro Seite, page rate 25% mehr/plus je Farbe, for each colour	1 Tag 1 day
alle Schichten all kinds	40 31,5 x 47,5 cm 5 cm	Offset 40	S 9600.— pro Seite, page rate	dienstags tuesday
alle Schichten all kinds	32 16,3 x 23,2 cm	Rotation 25	US$ 315.— pro Seite, page rate	2 Wochen 2 weeks

Zeitung, politische Richtung	Anschrift	Auflage	Sprache, Erscheinungsweise
Newspaper, Political Trend	*Address*	*Circulation*	*Language, Frequency of Issu*
Salzburger Nachrichten unabhängig independent	Bergstr. 12 **A-5021 Salzburg** Telex 06/3538 06/3583 06/3634	45 000 72 000 am Wochen- ende, week- end	deutsch German täglich daily
Salzburger Volksblatt unabhängig independent	Rainerstr. 19 **5020 Salzburg** Telex 06/3588	22 000	deutsch German täglich daily
Salzkammergut-Zeitung unabhängig independent	Rathausplatz 2 **4810 Gmunden**	14 000	deutsch German donnerstags thursday
Sonntagspost unabhängig, illustriert independent, illustrated	Stempfergasse 4 **8011 Graz** Postfach 432	32 130	deutsch German sonntags sunday
Steyrer Zeitung christlich-demokratisch christian-democratic	Stadtplatz 2 **4400 Steyr**	15 000	deutsch German wöchentlich weekly
Südost-Tagespost konservativ, Wirtschaftsblatt conservative, economic news	Parkstr. 1 Postfach 432 **8011 Graz**	48 975 60 092 am Wochen- ende, week- end	deutsch German täglich daily
Tiroler Tageszeitung unabhängig independent	Erlerstr. 5-7 **6020 Innsbruck** Telex 05/3401	52 000	deutsch German täglich daily

Leserkreis *Kind of Readers*	Seitenzahl, Format, Spalte *Pages, Size, Column*	Druckverfahren, Bildraster *Printing Method, Screen of Pictures*	Anzeigenpreis *Price of Advertising*	Anzeigenschluß, ... vor Erscheinen *Closing date ... before publication*
Ober- und Mittelschicht, upper and middle classes	20 31,5 x 47 cm 5,4 cm	Rotation 28	US$ 757.– - 974.– pro Seite, page rate 40% mehr/plus für Farbe, for colour	1 Tag 1 day donnerstags für Wochen- ende, thurs- day for week- end
alle Schichten all kinds	28 x 40 cm 4,6 cm	Rotation 30	S 10800.– pro Seite, page rate	1 Tag 1 day
Mittelschicht Landbevölke- rung, middle classes, rural population	24 24,3 x 37,3 cm 5,7 cm	Rotation 25	S 6400.– pro Seite, page rate	dienstags tuesday
Landbevölke- ung, rural population	20,5 x 27 cm 6,8 cm	Rotation 24	S 6480.– pro Seite, page rate 30% mehr/plus für Farbe, for colour	dienstags tuesday
lle Schichten ll kinds	24 26,1 x 41,8 cm 6,5 cm	Buchdruck- Rotation letterpress- rotation 34	S 8000.– pro Seite, page rate	dienstags tuesday
ber- und Mit- elschicht pper and middle classes	27,8 x 41,5 cm 3,3 cm	Rotation 24	S 23240.– - 26560.– pro Seite, page rate 30% mehr/plus für Farbe, for colour	1 Tag 1 day
le Schichten l kinds	28 x 41 cm 3,4 cm	Rotation 24	S 20000.– pro Seite, page rate	1 Tag 1 day

Zeitung, politische Richtung	Anschrift	Auflage	Sprache, Erscheinungsweise
Newspaper, Political Trend	*Address*	*Circulation*	*Language, Frequency of Issue*
Völklabrucker Wochenspiegel unabhängig, lokal independent, local	Gmundnerstr. 23 **4840 Völklabruck**	6000	deutsch German wöchentlich weekly
Volksblatt Österreichische Volkspartei Austrian peoples Party	Strozzigasse 2 **1080 Wien VIII** Telex 07/4761	91 000 109 000 am Wochenende, weekend	deutsch German täglich daily
Vorarlberger Nachrichten unabhängig independent	Anton-Schneider-Str. **6900 Bregenz** 32 Telex 057/730	32 000	deutsch German täglich daily
Welser Zeitung unabhängig, lokal independent, local	Bahnhofstr. 16 **4600 Wels**	22 000	deutsch German wöchentlich weekly
Welt der Frau unabhängig, Frauenzeitschrift independent, women's periodical	Dametzstr. 29 **A-4020 Linz**	72 000	deutsch German monatlich monthly
Wiener Wochenblatt unabhängig, Boulevardstil independent, boulevard paper	Muthgasse 2 **1198 Wien**	225 000	deutsch German wöchentlich weekly
Wiener Zeitung Regierungsorgan government organ	Rennweg 16 u. 12 a **1037 Wien III** Telex TW 1805	25 000	deutsch German täglich außer Montag daily exept monday

Leserkreis *Kind of Readers*	Seitenzahl, Format, Spalte *Pages, Size, Column*	Druckverfahren, Bildraster *Printing Method, Screen of Pictures*	Anzeigenpreis *Price of Advertising*	Anzeigenschluß, ... vor Erscheinen *Closing date ... before publication*
alle Schichten all kinds	32 28 x 40 cm 5,2 cm	Offset 40	S 7200.— pro Seite, page rate Farbe:nach Verein- barung, Colour: ask for details	montags monday
Mittel- und un- tere Schicht middle and lower classes	27 x 41 cm 3,3 cm	Rotation 24	S 25000.— pro Seite, page rate	1 Tag 1 day
alle Schichten all kinds	27 x 42 cm 4,5 cm	Rotation 30	S 4.— pro Spalte/mm column/mm	1 Tag 1 day
alle Schichten all kinds	36 28 x 40 cm 5,2 cm	Offset 40	S 13600.— pro Seite, page rate Farbe: nach Verein- barung, Colour: ask for details	montags monday
Frauen aller Schichten women of all kinds	32 21,5 x 28,7 cm	Tiefdruck Rotogravure	S 12400.— pro Seite, page rate 75% mehr/plus für Farbe, for colour	6 Wochen 6 weeks
Mittel- und untere Schicht middle and lower classes	32 25 x 33,6 cm 5 cm	Rotation 24 - 28	US$.965.— pro Seite, page rate 25% mehr/plus je Farbe, for each colour	2 Wochen 2 weeks
obere und Mit- telschicht upper and middle classes	12 24 am Wochen- end, weekend 27,5 x 40 cm 6,6 cm	Buchdruck- Rotation letterpress- rotation 30	S 19360.— - 38720.— pro Seite, page rate	2 Tage 2 days

POLEN / POLAND

Zeitung, politische Richtung	Anschrift	Auflage	Sprache, Erscheinungsweise
Newspaper, Political Trend	*Address*	*Circulation*	*Language, Frequency of Issu*
Dziennik Baltycki	**Gdansk**	100 000	polnisch Polish morgens morning
Dziennik Lodzki	**Lodz**	100 000	polnisch Polish morgens morning
Dziennik Zachodni	**Katowice**	90 000	polnisch Polish täglich daily
Express Wiezorny	**Warszawa**	550 000	polnisch Polish abends evening
Gazeta Bialostocka	**Bialystock**	55 000	polnisch Polish täglich daily
Gazeta Poznanska	**Poznan**	115 000	polnisch Polish täglich daily
Glos Pracy	**Warszawa**	540 000	polnisch Polish täglich daily
Glos Wielkopolski	**Poznan**	110 000	polnisch Polish täglich daily

Leserkreis *Kind of Readers*	Seitenzahl, Format, Spalte *Pages, Size, Column*	Druckverfahren, Bildraster *Printing Method, Screen of Pictures*	Anzeigenpreis *Price of Advertising*	Anzeigenschluß, ... vor Erscheinen *Closing date ... before publication*
alle Schichten all kinds	28 x 43 cm 4 cm	Rotation	US$ 1.— pro qcm	2 Tage 2 days
alle Schichten all kinds	24 x 35 cm 4 cm	Rotation	US$ 1.— pro qcm	2 Tage 2 days
alle Schichten all kinds	26 x 40 cm 3,5 cm	Rotation	nach Vereinbarung ask for details	2 Tage 2 days
alle Schichten all kinds	30 x 45 cm 5 cm	Rotation	US$ 1,50 pro qcm	1 Tag 1 day
alle Schichten all kinds	15 x 40 cm 2,5 cm	Rotation	US$ 1.— pro qcm	2 Tage 2 days
alle Schichten all kinds	36 x 53,5 cm 4,5 cm	Rotation	US$ 1.— pro qcm	2 Tage 2 days
alle Schichten all kinds	38,4 x 60 cm 4,8 cm	Rotation	US$ 1.— pro qcm	1 Tag 1 day
alle Schichten all kinds	27 x 41,5 cm 4,5 cm	Rotation	US$ 1.— pro qcm	2 Tage 2 days

Zeitung, politische Richtung	Anschrift	Auflage	Sprache, Erscheinungsweise
Newspaper, Political Trend	_Address_	_Circulation_	_Language, Frequency of Issue_
Glos Wybrzeza	Gdansk	80 000	polnisch Polish täglich daily
Kurier Polski	Warszawa	200 000	polnisch Polish täglich daily
Trybuna Robotnicza	Katowice	400 000	polnisch Polish täglich daily
Trybuna Ludu	Warszawa	220 000	polnisch Polish täglich daily
Trybuna Opolska	Opele	75 000	polnisch Polish täglich daily
Zycie Warszawy	Warszawa	250 000	polnisch Polish täglich daily

Leserkreis *Kind of Readers*	Seitenzahl, Format, Spalte *Pages, Size, Column*	Druckverfahren, Bildraster *Printing Method, Screen of Pictures*	Anzeigenpreis *Price of Advertising*	Anzeigenschluß, ... vor Erscheinen *Closing date ... before publication*
alle Schichten all kinds	32 x 47,5 cm 4 cm	Rotation	US$ 1.— pro qcm	2 Tage 2 days
alle Schichten all kinds	36,4 x 52,2 cm 5,2 cm	Rotation	US$ 1.— pro qcm	1 Tag 1 day
alle Schichten all kinds	32 x 53 cm 3,2 cm	Rotation	US$ 1,50 pro qcm	2 Tage 2 days
alle Schichten all kinds	40 x 53 cm 5 cm	Rotation	US$ 1,50 pro qcm	1 Tag 1 day
alle Schichten all kinds	35 x 49 cm 5 cm	Rotation	US$ 1.— pro qcm	2 Tage 2 days
alle Schichten all kinds	33 x 50 cm 5,5 cm	Rotation	US$ 1,50 pro qcm	1 Tag 1 day

PORTUGAL

Portugal

Zeitung, politische Richtung	Anschrift	Auflage	Sprache, Erscheinungsweise
Newspaper, Political Trend	*Address*	*Circulation*	*Language, Frequency of Issue*
O Comercio	107 Avenida des Nacoes Aliados, **Porto**	50 000	portugiesisch Portuguese morgens morning
Diario da Manha	Rua da Mesericordia 95, **Lissabon**	20 000	portugiesisch Portuguese morgens morning
Diario de Coimbra	Rua da Sofia 179 **Coimbra**	15 000	portugiesisch Portuguese morgens morning
Diario de Lisboa	Rua Luz Soriano 48, **Lissabon**	45 000	portugiesisch Portuguese morgens morning
Diario de Noticias	Avenida de Liberdade 266, **Lissabon**	150 000	portugiesisch Portuguese morgens morning
Diario de Ninho	Avenida Central 122 **Braga**	10 000	portugiesisch Portuguese morgens morning
Diario do Norte	Rua Duque de Loue 73 **Porto**	35 000	portugiesisch Portuguese abends evening

Leserkreis *Kind of Readers*	Seitenzahl, Format, Spalte *Pages, Size, Column*	Druckverfahren, Bildraster *Printing Method, Screen of Pictures*	Anzeigenpreis *Price of Advertising*	Anzeigenschluß, ... vor Erscheinen *Closing date ... before publication*
alle Schichten all kinds	44 x 59 cm 5,5 cm	Rotation	Escudos 3.— pro Spalte/mm, column/mm	3 Tage 3 days
alle Schichten all kinds	36,4 x 53 cm 5,2 cm	Rotation	Escudos 3.— pro Spalte/mm column/mm	3 Tage 3 days
alle Schichten all kinds	5 cm	Rotation	Escudos 2.— pro Spalte/mm, column/mm	3 Tage 3 days
alle Schichten all kinds	25 x 36,8 cm 5 cm	Rotation	Escudos 4.— pro Spalte/mm column/mm	3 Tage 3 days
alle Schichten all kinds	42 x 58,5 cm 3 cm	Rotation	Escudos 20000.— pro Seite, page rate	2 Tage 2 days
alle Schichten all kinds		Rotation	Escudos 2000.— pro Seite, page rate	3 Tage 3 days
alle Schichten all kinds	37,8 x 55,5 cm 5,4 cm	Rotation	Escudos 3.— pro Spalte/mm column/mm	3 Tage 3 days

Zeitung, politische Richtung	Anschrift	Auflage	Sprache, Erscheinungsweise
Newspaper, Political Trend	*Address*	*Circulation*	*Language, Frequency of Issue*
Diario Popular	Rua Luz Soriano 67 **Lissabon**	100 000	portugiesisch Portuguese nachmittags afternoon
Jornal de Noticias	144-148 Avenida dos Aliados **Porto**	60 000	portugiesisch Portuguese morgens morning
Jornal do Comercio Wirtschaftszeitung economic news	Rua Dr. Luis de Almeida e Albu-querque 5 **Lissabon**	18 000	portugiesisch Portuguese täglich daily
O Primeiro de Janeiro	Rua da Santa Catarina 326 **Porto**	70 000	portugiesisch Portuguese morgens morning
Republica	Rua da Misericordia 116 **Lissabon**	50 000	portugiesisch Portuguese abends evening
O Seculo	Rua do Seculo 41-63, **Lissabon**	85 000	portugiesisch Portuguese morgens morning
A Voz	Rua da Misericordia 17 **Lissabon**	25 000	portugiesisch Portuguese morgens morning

Leserkreis / *Kind of Readers*	Seitenzahl, Format, Spalte / *Pages, Size, Column*	Druckverfahren, Bildraster / *Printing Method, Screen of Pictures*	Anzeigenpreis / *Price of Advertising*	Anzeigenschluß, ... vor Erscheinen / *Closing date ... before publication*
alle Schichten all kinds	25,5 x 38,8 cm 5,1 cm	Rotation	Rückfrage erforderlich ask for details	
alle Schichten all kinds	37,8 x 53 cm 5,4 cm	Rotation	Escudos 3.— pro Spalte/mm column/mm	3 Tage 3 days
Geschäftsleute businessmen	30 x 47 cm 5 cm	Rotation	DM 1000.— pro Seite, page rate	3 Tage 3 days
alle Schichten all kinds	40 x 58 cm 5 cm	Rotation	Escudos 3.— pro Spalte/mm column/mm	3 Tage 3 days
alle Schichten all kinds	30 x 35 cm 6 cm	Rotation	Escudos 2,50 pro Spalte/mm column/mm	3 Tage 3 days
alle Schichten all kinds	36,7 x 53 cm	Rotation	Escudos 3.— pro Spalte/mm column/mm	3 Tage
alle Schichten all kinds	48,6 x 54 cm 5,4 cm	Rotation	Escudos 2,50 pro Spalte/mm column/mm	3 Tage 3 days

RUMÄNIEN / RUMANIA

Zeitung, politische Richtung *Newspaper, Political Trend*	Anschrift *Address*	Auflage *Circulation*	Sprache, Erscheinungsweise *Language, Frequency of Issue*
Flacara illustrierte Zeitschrift illustrated news	Bukarest		rumänisch Rumanian wöchentlich weekly
Magazin sozial-kulturelle Zeitschrift social-cultural news	Bukarest		rumänisch Rumanian wöchentlich weekly
Munca Organ der Gewerkschaften organ of the trade union	Bukarest		rumänisch Rumanian täglich daily
Neuer Weg Politik, Wirtschaft, Kultur policy, economy, culture	Bukarest		rumänisch Rumanian täglich daily
Probleme Agricola	Bukarest		rumänisch Rumanian wöchentlich weekly
Probleme Economice Wirtschaftszeitung economic news	Bukarest		rumänisch Rumanian monatlich monthly
Romania Libera	Bukarest		rumänisch Rumanian täglich daily
Scintaia Partei-Organ party-organ	Bukarest		rumänisch Rumanian täglich daily

Leserkreis *Kind of Readers*	Seitenzahl, Format, Spalte *Pages, Size, Column*	Druckverfahren, Bildraster *Printing Method,* *Screen of Pictures*	Anzeigenpreis *Price of Advertising*	Anzeigenschluß, ... vor Erscheinen *Closing date* *... before publication*
alle Schichten all kinds			Rückfrage erforderlich ask for details	
Mittelschicht middle classes			Rückfrage erforderlich ask for details	
alle Schichten all kinds			Rückfrage erforderlich ask for details	
			Rückfrage erforderlich ask for details	
Landwirte farmers			Rückfrage erforderlich ask for details	
			Rückfrage erforderlich ask for details	
alle Schichten all kinds			Rückfrage erforderlich ask for details	
alle Schichten all kinds			Rückfrage erforderlich ask for details	

SCHWEDEN / SWEDEN

Zeitung, politische Richtung	Anschrift	Auflage	Sprache, Erscheinungsweise
Newspaper, Political Trend	*Address*	*Circulation*	*Language, Frequency of Issue*
Aftonbladet sozial-demokratisch social democratic	**105 18 Stockholm,** Telex 10065	600 000	schwedisch Swedish täglich daily
Allers unabhängig, Familien-Magazin independent, family-magazine	Tysta gatan 12, **S 115 24 Stockholm** Telex 1498	310 350	schwedisch Swedish wöchentlich weekly
Allt i Hemmet unabhängig, Magazin independent, magazine	Sveavaegen 53, **105 44 Stockholm**	142 000	schwedisch Swedish monatlich monthly
Barometern konservativ conservative	P.O.Box 246, **381 01 Kalmar** Telex 4851	35 000	schwedisch Swedish täglich daily
Dagens Nyheter unabhängig, liberal independent, liberal	Ralambsvaegen 17, **105 15 Stockholm** Telex 10450 DNSTHLM S	420 300 556 500 am Wochen-ende weekend	schwedisch Swedish täglich daily
Eskilstuna-Kuriren liberal	P.O.Box 120, **631 02 Eskilstuna**	24 800	schwedisch Swedish täglich daily

Leserkreis Kind of Readers	Seitenzahl, Format, Spalte Pages, Size, Column	Druckverfahren, Bildraster Printing Method, Screen of Pictures	Anzeigenpreis Price of Advertising	Anzeigenschluß, ... vor Erscheinen Closing date ... before publication
alle Schichten all kinds	40 28 x 41 cm 4,9 cm	Kopierpresse letterpress 63	Kr 8550.– - 9000.– pro Seite, page rate Kr 14800 - 15250.– für Farbe, for colour	2 Wochen 2 weeks
alle Schichten all kinds	80 21,6 x 30,3 cm 5,4 cm	Offset	Kr 5200.– pro Seite, page rate Kr 6750.– für Farbe, for colour	5 Wochen 5 weeks 8 Wochen für Farbe 8 weeks for colour
vorwiegend Frauen der Oberschicht women of the upper classes in general	100 19 x 26,5 cm 4,7 cm	Offset 120	Kr 5480.– pro Seite, page rate Kr 8900.– für Farbe, for colour	6 Wochen 6 weeks 10 Wochen für Farbe 10 weeks for colour
alle Schichten all kinds	22 40,8 x 52 cm 5 cm	Kopierpresse letterpress 26	US$ 920.– pro Seite, page rate US$ 1480.– für Farbe, for colour	2 Tage 2 days 5 Tage für Farbe 5 days for colour
alle Schichten all kinds	48 39 x 53 cm 4,9 cm	Kopierpresse letterpress	US$ 2568.– - 3552.– pro Seite, page rate US$ 3977.– - 5019.– für Farbe, for colour	1-2 Tage 1-2 days
alle Schichten all kinds	20 38 x 56 cm 5 cm	Rotation	US$ 684.– pro Seite, page rate US$ 958.– für Farbe, for colour	1 Tag 1 day

Schweden

Zeitung, politische Richtung / Newspaper, Political Trend	Anschrift / Address	Auflage / Circulation	Sprache, Erscheinungsweise / Language, Frequency of Issue
Expressen unabhängig, liberal independent, liberal	Gjoerwellsgatan 30, **105 16 Stockholm** Telex 17480	522 550 605 150 am Wochenende, weekend	schwedisch Swedish täglich daily
Femina unabhängig, Frauen-Zeitschrift independent, women's periodical	Tysta gatan 12, **115 24 Stockholm** Telex 1498	215 570	schwedisch Swedish wöchentlich weekly
Fib-Aktuellt unabhängig, Magazin independent, magazine	Torsgatan 21 **Stockholm Va**	233 600	schwedisch Swedish wöchentlich weekly
Folksbladet Östgöten sozialdemokratisch social demoratic	Idrottsgatan 12, **Norrköping** Telex 64054, 64137	25 800	schwedisch Swedish täglich daily
Göteborgs Handels- och Sjoefarts-Tiding unabhängig, Wirtschaftszeitung, independent, economic news	Kopmansgatan 10, **Göteborg**	62 000	schwedisch Swedish wöchentlich weekly
Göteborgs-Posten liberal	Polhemsplatsen 5, **Göteborg**	280 000	schwedisch Swedish täglich daily
Gt-Soendagstidningen unabhängig indepetendent	**Göteborg**	120 000	schwedisch Swedish sonntags sunday

Leserkreis *Kind of Readers*	Seitenzahl, Format, Spalte *Pages, Size, Column*	Druckverfahren, Bildraster *Printing Method, Screen of Pictures*	Anzeigenpreis *Price of Advertising*	Anzeigenschluß, . . . vor Erscheinen *Closing date . . . before publication*
alle Schichten all kinds	44 - 52 25 x 39 cm 4,9 cm	Offset	USS 979.— - 1777.— pro Seite, page rate USS 2800.— - 2937.— für Farbe, for colour	3 Tage 3 days
alle Schichten all kinds	100 19 x 26,5 cm 4,7 cm	Offset	Kr 5100.— pro Seite, page rate Kr 7650.— für Farbe, for colour	5 Wochen 5 weeks 8 Wochen für Farbe 8 weeks for colour
vorwiegend Männer men in general	60 - 72 19 x 26,5 cm 4,7 cm	Offset	Kr 4970.— pro Seite, page rate Kr 7500.— für Farbe, for colour	6 Wochen 6 weeks 8 Wochen für Farbe 8 weeks for colour
alle Schichten all kinds	32 25 x 37,5 cm 5 cm	Rotation	Kr 0.80 pro Spalte/mm column/mm	1 Tag 1 day
Geschäftsleute businessmen	40 x 52 cm 5 cm	Rotation	Kr 1.40 pro Spalte/mm column/mm	1 Tag 1 day
alle Schichten all kinds	40 x 52 cm 5 cm		Kr 2.— pro Spalte/mm column/mm	1 Tag 1 day
alle Schichten all kinds	40 x 52 cm 5 cm		Kr 1.70 pro Spalte/mm column/mm	1 Woche 1 week

Schweden

Zeitung, politische Richtung	Anschrift	Auflage	Sprache, Erscheinungsweise
Newspaper, Political Trend	*Address*	*Circulation*	*Language, Frequency of Issue*
Haent i Vekan unabhängig, Bild-Magazin independent, picture-magazine	Tysta gatan 12, **115 24 Stockholm** Telex 1498	209 250	schwedisch Swedish wöchentlich weekly
Hallandsposten Laenstidingen unabhängig independent	Halmstad Telex 3575	33 000	schwedisch Swedish täglich daily
HEJ unabhängig, Jugend-Magazin independent, youth-magazine	Tysta gatan 12, **115 24 Stockholm** Telex 1498		schwedisch Swedish wöchentlich weekly
Industritjaenstemannen unabhängig independent	P.O.Box 5104 **102 43 Stockholm 5**	184 000	schwedisch Swedish monatlich monthly
Kristianstadsbladet liberal	P.O.Box 114, **Kristianstad 1** Telex 4471	34 200	schwedisch Swedish täglich daily
Mellersta Skane liberal	P.O.Box 114, **Kristianstad 1** Telex 4471	34 200	schwedisch Swedish täglich daily
Sanska Dagbladet Zentrums-Partei centre-party	Oestergatan 11, **Malmö**	41 000	schwedisch Swedish täglich daily

Leserkreis _Kind of Readers_	Seitenzahl, Format, Spalte _Pages, Size, Column_	Druckverfahren, Bildraster _Printing Method, Screen of Pictures_	Anzeigenpreis _Price of Advertising_	Anzeigenschluß, ... vor Erscheinen _Closing date ... before publication_
alle Schichten all kinds	48 19 x 26,5 cm 4,7 cm		Kr 4000.– pro Seite, page rate Kr 4800.– für Farbe, for colour	3 Wochen 3 weeks
alle Schichten all kinds	35 x 50 cm 5 cm	Kopierpresse letterpress	Kr 1.10 pro Spalte/mm column/mm	1 Tag 1 day
	48 19 x 26,5 cm 4,7 cm		Kr 3800.– pro Seite, page rate Kr 4560.– für Farbe, for colour	5 Wochen 5 weeks
Industrielle industrialists	48 4 cm	Rotation	Kr 2300.– pro Seite, page rate	1. jeden Monats 1st of each month
alle Schichten all kinds	20 39,2 x 52 cm 4,9 cm	Kopierpresse letterpress	Kr 1.05 pro Spalte/mm column/mm	2 Tage 2 days
alle Schichten all kinds	20 39,2 x 52 cm 4,9 cm	Kopierpresse letterpress	Kr 1.05 pro Spalte/mm column/mm	2 Tage 2 days
alle Schichten all kinds	20 40 x 56,5 cm 5 cm	Offset 65	Kr 4775.– pro Seite, page rate Kr 7475.– für Farbe, for colour	13 Tage 13 days

Schweden

Zeitung, politische Richtung / Newspaper, Political Trend	Anschrift / Address	Auflage / Circulation	Sprache, Erscheinungsweise / Language, Frequency of Issue
Smalandsposten konservativ conservative	P.O.Box 57, 351 03 **Växjö** Telex 4641	37 200	schwedisch Swedish Montag, Dienstag,Donnerstag Samstag monday, tuesday thursday, saturday
Svenska Dagbladet unabhängig independent	P.O.Box 594, **Stockholm**	175 000	schwedisch Swedish täglich daily
Svensk Damtining unabhängig, Boulevardblatt independent, boulevard journal	Sveanvaegen 145 **106 63 Stockholm**	233 400	schwedisch Swedish wöchentlich weekly
Sydsvenska Dagbladet Snaell-Posten liberal	P.O.Box 145, **Malmö**	103 000	schwedisch Swedish täglich daily
Uppsala nya Tidning liberal	P.O.Box 36, **751 03 Uppsala**	51 000	schwedisch Swedish täglich daily
Var Bostad unabhängig, Magazin independent, magazine	Fleminggatan 37, **112 32 Stockholm**	507 000	schwedisch Swedish monatlich monthly
Vestmanlands Laens Tidning liberal	Stora gatan 44 A, **Västeras** Telex 4706	50 000	schwedisch Swedish täglich daily

Leserkreis Kind of Readers	Seitenzahl, Format, Spalte Pages, Size, Column	Druckverfahren, Bildraster Printing Method, Screen of Pictures	Anzeigenpreis Price of Advertising	Anzeigenschluß, ... vor Erscheinen Closing date ... before publication
alle Schichten all kinds	20 35 x 50 cm 5 cm	Rotation	Kr 0.73 pro Spalte/mm column/mm	3 Tage 3 days
alle Schichten all kinds	29,9 x 52 cm 4,9 cm	Rotation	Kr 3.30 pro Spalte/mm column/mm	1 Tag 1 day
Frauen jeden Alters, women of all ages	80 20,4 x 28,4 cm 5 cm		Kr 4400.— pro Seite, page rate Kr 5060.— für Farbe, for colour	5 Wochen 5 weeks 7 Wochen für Farbe 7 weeks for colour
alle Schichten all kinds	39,7 x 52 cm 4,9 cm		Kr 1.70 pro Spalte/mm column/mm	1 Tag 1 day
alle Schichten all kinds	24 40 x 52 cm 4,9 cm	Rotation 55	US$ 0.20 pro Spalte/mm column/mm US$ 0.50 für Farbe, for colour	2 Tage 2 days
alle Schichten all kinds	40 21,2 x 28,4 cm 5 cm		US$ 1200.— pro Seite, page rate US$ 1800.— für Farbe, for colour	1 Monat 1 month
alle Schichten all kinds	24 36,5 x 56 cm 5 cm	Rotation	US$ 0.21 - 0.22 pro Spalte/mm column/mm	1 Tag 1 day

SCHWEIZ / SWITZERLAND

Zeitung, politische Richtung	Anschrift	Auflage	Sprache, Erscheinungsweise
Newspaper, Political Trend	*Address*	*Circulation*	*Language, Frequency of Issue*
Aargauer Tagblatt unabhängig independent	**5000 Aaarau**	25 000	deutsch German täglich daily
L'Abeille unabhängig, Familienblatt independent, family news	**6000 Luzern,** Zürichstr. 3 Telex 781 23	31 800	französisch French wöchentlich weekly
Automobil Revue unabhängig independent	**3001 Bern,** Postfach 2665 Telex 32460	53 500	deutsch German wöchentlich weekly
Badener Tagblatt unabhängig independent	**5400 Baden**	20 400	deutsch German täglich daily
Basler Nachrichten liberaldemokratisch liberal-democratic	**4001 Basel** Freie Straße 29	23 000	deutsch German 2 x täglich bi-daily
Basler Ring-Anzeiger unabhängig independent	**4000 Basel**	64 500	deutsch German 2 x wöchentlich bi-weekly
Baslerstab unabhängig independent	**4000 Basel**	85 000	deutsch German täglich daily
Basler Woche unabhängig independent	**4000 Basel**		deutsch German freitags friday

Leserkreis *Kind of Readers*	Seitenzahl, Format, Spalte *Pages, Size, Column*	Druckverfahren, Bildraster *Printing Method, Screen of Pictures*	Anzeigenpreis *Price of Advertising*	Anzeigenschluß, ... vor Erscheinen *Closing date ... before publication*
alle Schichten all kinds	29,8 x 44,5 cm 2,7 cm		SFr. 0,26 pro Spalte/mm column/mm	1 Tag 1 day
alle Schichten all kinds	20 x 27 cm 3,1 cm	70	SFr. 1296,– pro Seite, page rate SFr. 2556,– für Farbe, for colour	25 Tage 25 days
am Automobil interessierte Kreise circles interested in automobiles	52 29,5 x 44 cm 3,6 cm	Rotation 32	SFr. 1918,– pro Seite, page rate	Freitag der Vorwoche friday a week before
alle Schichten all kinds	29,8 x 46 cm 2,7 cm		SFr. 0,24 pro Spalte/mm column/mm	1 Tag 1 day
alle Schichten all kinds	32,2 x 50,5 cm 2,7 cm	Offset	SFr. 0,46 pro Spalte/mm column/mm	1 Tag 1 day
alle Schichten all kinds	32,3 x 50,5 cm 2,7 cm	Offset	SFr. 0,26 pro Spalte/mm column/mm	2 Tage 2 days
alle Schichten all kinds	32,3 x 50,5 cm 2,7 cm	Offset	SFr. 0,28 pro Spalte/mm column/mm	1 Tag 1 day
alle Schichten all kinds	29 x 39,5 cm 2,7 cm	Offset	nach Vereinbarung ask for details	

Schweiz

Zeitung, politische Richtung	Anschrift	Auflage	Sprache, Erscheinungsweise
Newspaper, Political Trend	*Address*	*Circulation*	*Language, Frequency of Issu*
Bernerspiegel neutral, Magazin neutral, magazine	**3550 Langnau/Bern**	79 000	deutsch German Donnerstag thursday
Berner Tagblatt unabhängig independent	**3000 Bern**	52 000	deutsch German täglich daily
Bieler Tagblatt unabhängig independent	**2500 Biel**	25 900	deutsch German täglich daily
Blick unabhängig, Boulevard-zeitung, independent, boulevard-paper	**8021 Zürich,** Staffelstr. 8 Telex 55388	201 400	deutsch German täglich daily
Bouquet unabhängig, Frauenzeitschrift independent, women-news	**3001 Bern,** Postfach 2665 Telex 32460	37 000	französisch French 14-tägig forthnightly
Der Bund unabhängig independent	**3000 Bern,**	48 700	deutsch German täglich daily

Leserkreis *Kind of Readers*	Seitenzahl, Format, Spalte *Pages, Size, Column*	Druckverfahren, Bildraster *Printing Method, Screen of Pictures*	Anzeigenpreis *Price of Advertising*	Anzeigenschluß, ... vor Erscheinen *Closing date ... before publication*
Mittelschicht middle classes	16 30 x 45 cm 2,9 cm	Rotation 27 - 34	SFr. 3519,– pro Seite, page rate SFr. 4485,– für Farbe, for colour Mindestgröße 1/4 Seite, minimum 1/4 page	Freitag friday
alle Schichten all kinds	29,9 x 44 cm 2,8 cm	Offset	SFr. 0,36 pro Spalte/mm column/mm	1 Tag 1 day
alle Schichten all kinds	29,1 x 45 cm 2,7 cm	Offset	SFr. 0,30 pro Spalte/mm column/mm	1 Tag 1 day
Mittelschicht middle classes	14 32 x 46,5 cm 4 cm	Buchdruck letterpress printing 28	SFr. 4300,– pro Seite, page rate für Farbe Rückfrage erforderlich, for colour ask for details	2 Tage 2 days
vorwiegend Frauen, women in general	108 21 x 27,7 cm 5 cm	Offset,Tiefdruck offset, roto- gravure	SFr. 1268,– pro Seite, page rate SFr. 2200,– für Farbe, for colour	5 Wochen 5 weeks für Farbe 9 Wochen for colour 9 weeks
alle Schichten all kinds	30,3 x 45 cm 2,9 cm		SFr. 0,40 pro Spalte/mm column/mm	1 Tag 1 day

Zeitung, politische Richtung / *Newspaper, Political Trend*	Anschrift / *Address*	Auflage / *Circulation*	Sprache, Erscheinungsweise / *Language, Frequency of Issue*
Camera unabhängig, internationale Zeitschrift für Fotographie und Film independent, international magazine for photography and film Ausgaben in /editions in Deutsch, Frazösisch, Englisch German, French, English	**6000 Luzern** Zürichstr. 3	30 000	deutsch französisch englisch German French English am 5. des Monats 5th. of the month
Corriere del Ticino unabhängig independent	**6900 Lugano,** Via Pasquale Lucchini 1	16 000	italienisch Italian täglich daily
Courrier du Vignoble neutral	**2013 Colombier**	6 000	französisch French 2 x wöchentlich bi-weekly
Il Dovere radikal-liberal radical-liberal	**6500 Bellinzona,**	12 200	italienisch Italian täglich daily
Elle Frauenzeitschrift, unabhängig women news, independent Ausgaben in Deutsch, Französisch, editions in German, French	**8035 Zürich,** Beckenhofstr. 16 Telex 53844	76 000 deutsch German 28 000 französisch French	deutsch französisch German French 14-tägig forthnightly
Emmenthaler Blatt unabhängig independent	**3550 Langnau/Bern** Telex 32187	40 400	deutsch German täglich daily

Leserkreis *Kind of Readers*	Seitenzahl, Format, Spalte *Pages, Size, Column*	Druckverfahren, Bildraster *Printing Method, Screen of Pictures*	Anzeigenpreis *Price of Advertising*	Anzeigenschluß, . . . vor Erscheinen *Closing date . . . before publication*
Foto- und Film- kreise circles of photo- graphy and film	66 22,5 x 29 cm 9 cm	Buch- und Tief- druck letterpress printing and rotogravure 48	SFr. 2400,— pro Seite, page rate SFr. 4000,— für Farbe, for colour	6 Wochen 6 weeks für Farbe 8 Wochen for colour 8 weeks
alle Schichten all kinds	39,2 x 52 cm 3,5 cm		SFr. 0,27 pro Spalte/mm column/mm	1 Tag 1 day
alle Schichten all kinds	8 31,2 x 49 cm 4 cm	40	SFr. 400,— pro Seite, page rate	1 Tag 1 day
alle Schichten all kinds	31,5 x 45 cm 3,5 cm		SFr. 0,27 pro Spalte/mm column/mm	1 Tag 1 day
vorwiegend Frauen women in general	21 x 27,5 cm 7 cm	Offset, Tief- druck, offset, rotogravure	SFr. 1010,— pro Seite, page rate SFr. 2100,— für Farbe, for colour	
Mittelschicht middle classes	20 30 x 45 cm 2,9 cm	Rotation 27 - 34	SFr. 2170,— pro Seite, page rate SFr. 2910,— für Farbe, for colour	1 Tag, früh 1 day in the morning

Zeitung, politische Richtung	Anschrift	Auflage	Sprache, Erscheinungsweise
Newspaper, Political Trend	*Address*	*Circulation*	*Language, Frequency of Issue*
Der Familienfreund unabhängig independent	**6000 Luzern** Zürichstr. 3 Telex 78123	70 500	deutsch German wöchentlich weekly
Feuille d'Avis de Lausanne unabhängig independent	**1000 Lausanne,**	85 700	französisch French mittwochs samstags wednesday saturday
Feuille d'Avis de Neuchâtel unabhängig independent	**2000 Neuchâtel**	35 000	französisch French täglich daily
Gazette de Lausanne liberal	**1000 Lausanne**	17 000	französisch French täglich daily
Giornale del Popolo katholisch catholic	**6900 Lugano**	16 000	italienisch Italian täglich daily
Harper's Bazaar unabhängig, Modeblatt independent, fashion news	**3012 Bern** Fischerweg 13 Telex 32585	55 000	deutsch German monatlich monthly
Hôtellerie unabhängig, Erste Fachzeitschrift für das Hotelgewerbe independent, first branch journal for hotel-industry	**6000 Luzern** Zürichstr. 3	5 700	deutsch französisch German French 6 x im Jahr 6 x a year

Leserkreis / *Kind of Readers*	Seitenzahl, Format, Spalte / *Pages, Size, Column*	Druckverfahren, Bildraster / *Printing Method, Screen of Pictures*	Anzeigenpreis / *Price of Advertising*	Anzeigenschluß, ... vor Erscheinen / *Closing date ... before publication*
Mittelschicht middle classes	20 x 27 cm 3,1 cm	Tiefdruck rotogravure 70	SFr. 1377,– pro Seite, page rate SFr. 2637,– für Farbe, for colour	25 Tage 25 days
alle Schichten all kinds	29,1 x 44 cm 2,7 cm		SFr. 0,45 pro Spalte/mm column/mm	3 Tage 3 days
alle Schichten all kinds	35,9 x 52 cm 2,7 cm		SFr. 0,40 pro Spalte/mm, column/mm	1 Tag 1 day
alle Schichten all kinds	30,1 x 44,8 cm 2,7 cm		SFr. 0,36 pro Spalte/mm column/mm	1 Tag 1 day
alle Schichten all kinds	36 x 51,5 cm 3,5 cm		SFr. 0,27 pro Spalte/mm column/mm	1 Tag 1 day
Mittelschicht middle classes	96 20,3 x 28 cm	Offset	SFr. 2850,– pro Seite, page rate SFr. 5130,– für Farbe, for colour	45 Tage 45 days
Fachleute experts	52 21 x 29,7 cm 9 cm	Buchdruck und Offset letterpress printing and offset	SFr. 690,– pro Seite, page rate SFr. 1390,– für Farbe, for colour	am 10.des Vormonats 10. the month before

Zeitung, politische Richtung	Anschrift	Auflage	Sprache, Erscheinungsweise
Newspaper, Political Trend	*Address*	*Circulation*	*Language, Frequency of Issu*
L'Impartial unabhängig independent	**2300 La Chaux-de-Fonds**	31 000	französisch French täglich daily
Der Landbote unabhängig independent	**8400 Winterthur**	25 100	deutsch German täglich daily
Il Lavoro christlich-sozial christian-social	**6900 Lugano**	30 600	italienisch Italian wöchentlich weekly
La Liberté christlich-sozial christian-social	**1700 Fribourg**	23 000	französisch French täglich daily
Luzerner Neueste Nachrichten unabhängig independent	**6000 Luzern** Zürichstr. 3 Telex 78123	54 000 - 55 000	deutsch German täglich daily
Luzerner Tagblatt unabhängig independent	**6000 Luzern**	23 100	deutsch German täglich daily
Nadel, Faden, Fingerhut Frauenzeitschrift women news	Emmenthaler-Blatt AG, **3550 Langnau/Bern** Telex 32187	50 000	deutsch German 15. jeden Monats 15th. of each month
National-Zeitung unabhängig independent	**4000 Basel**	74 600	deutsch German 2 x täglich bi-daily

Leserkreis *Kind of Readers*	Seitenzahl, Format, Spalte *Pages, Size, Column*	Druckverfahren, Bildraster *Printing Method, Screen of Pictures*	Anzeigenpreis *Price of Advertising*	Anzeigenschluß, ... vor Erscheinen *Closing date ... before publication*
alle Schichten all kinds	30 x 45 cm 2,7 cm		SFr. 0,37 pro Spalte/mm column/mm	1 Tag 1 day
alle Schichten all kinds	29,7 x 44 cm 2,7 cm	Offset	SFr. 0,30 pro Spalte/mm column/mm	1 Tag 1 day
alle Schichten all kinds	36 x 52 cm 3,5 cm	Offset	SFr. 0,26 pro Spalte/mm column/mm	1 Woche 1 week
alle Schichten all kinds	31 x 45 cm 2,7 cm	Offset	SFr. 0,22 pro Spalte/mm column/mm	1 Tag 1 day
alle Schichten all kinds	40 29,7 x 44 cm 2,7 cm	Buchdruck, Rotation letterpress printing, rotation	SFr. 1804,— pro Seite, page rate SFr. 2764,— für Farbe, for colour	2 Tage 2 days
alle Schichten all kinds	29,7 x 44 cm 2,7 cm		SFr. 0,33 pro Spalte/mm column/mm	1 Tag 1 day
Mittelschicht middle classes	18 - 24 20 x 27 cm 9,8 cm	Rotationsbuch- druck rotation letter- press printing 28 - 34	SFr. 1020,— pro Seite, page rate SFr. 2760,— für Farbe, for colour	25. des Vormonats 25th. one month before
alle Schichten all kinds	32,3 x 50,5 cm 2,7 cm	Offset	SFr. 0,49 pro Spalte/mm column/mm	1 Tag 1 day

Zeitung, politische Richtung	Anschrift	Auflage	Sprache, Erscheinungsweise
Newspaper, Political Trend	*Address*	*Circulation*	*Language, Frequency of Issue*
Neue Berner Zeitung mit/with **Sonntags-Illustrierte** Bauern-, Gewerbe-, und Bürgerpartei party of farmers, trade and citizens	**3000 Bern**	14 100 - 17 200	deutsch German täglich daily
Neue Bündner Zeitung unabhängig independent	**7000 Chur**	21 000	deutsch German täglich daily
Neue Presse unabhängig independent	**8021 Zürich** Stauffacherquai 10 Telex 54935/36	40 000	deutsch German täglich daily
Neue Zürcher Zeitung liberal	**8021 Zürich** Hauptpostfach, Telex 52157/58	87 440	deutsch German Inland/inland 16 x wöchentlich 16 x weekly Ausland, foreign countries 7 x wöchentlich 7 x weekly
La Nouvelle Revue de Lausanne radikaldemokratisch radical democratic	**1000 Lausanne**	13 000	französisch French täglich daily
Die Ostschweiz konservativ-christlich-sozial conservative christian social	**9001 St. Gallen** Telex 77393	17 000 - 25 000	deutsch German täglich daily

Leserkreis *Kind of Readers*	Seitenzahl, Format, Spalte *Pages, Size, Column*	Druckverfahren, Bildraster *Printing Method, Screen of Pictures*	Anzeigenpreis *Price of Advertising*	Anzeigenschluß, ... vor Erscheinen *Closing date ... before publication*
Mittelschicht middle classes	12 33 x 49 cm	Buchdruck letterpress printing sonntags Tief-druck, sunday rotogravure	SFr. 1100,— pro Seite Buchdruck page rate letterpress printing SFr. 1710.— pro Seite Tiefdruck page rate rotogravure	2 Tage 2 days
alle Schichten all kinds	30 x 44,5 cm 3,6 cm		SFr. 0,26 pro Spalte/mm column/mm	1 Tag 1 day
alle Schichten all kinds	12 29,5 x 42,4 cm 4 cm	Rotationsbuch-druck, rotation letterpress printing 26 - 28	SFr. 2322,50 pro Seite, page rate SFr. 2772,50 für Farbe, for colour	2 Tage 2 days Farbe 4 Tage colour 4 days
Oberschicht upper classes	29,7 x 44 cm 2,9 - 7,1 cm	Rotationsbuch-druck, rotation letterpress printing	SFr. 2684,— - 2816,— pro Seite, page rate	4 Tage 4 days
alle Schichten all kinds	31 x 43 cm 2,9 cm		SFr. 0,31 pro Spalte/mm column/mm	1 Tag 1 day
vorwiegend katholische Leser catholic readers in general	22 33 x 49 cm 2,7 cm	Buchdruck letterpress printing 30	SFr. 1000,— pro Seite, page rate	1 Tag 1 day

Zeitung, politische Richtung *Newspaper, Political Trend*	Anschrift *Address*	Auflage *Circulation*	Sprache, Erscheinungsweise *Language, Frequency of Issue*
Le Peuple, La Sentinelle sozialistisch socialist	**La Chaux-de-Fonds** Telex 35249	10 000	französisch täglich French daily
Revue Automobile unabhängig independent	**3001 Bern** Postfach 2665 Telex 32460	17 800	französisch French wöchentlich weekly
St.-Galler Tagblatt unabhängig independent	**9000 St. Gallen**	35 300	deutsch German 2 x täglich 2 x daily
Schaffhauser Nachrichten unabhängig, liberal independent, liberal	**8201 Schaffhausen,** Vordergasse 58	19 500	deutsch German täglich daily
Der Schweizer Beobachter unabhängig independent	**4000 Basel** Lautengartenstr. 23 Telex 62350	460 000	deutsch German 2 x monatlich bi-monthly
Solothurner Zeitung unabhängig independent	**4500 Solothurn**	32 200	deutsch German täglich daily
Sonntag katholische Familenzeitschrift catholic family news	**8035 Zürich** Beckenhofstr. 16	53 850	deutsch German mittwochs wednesday

Leserkreis Kind of Readers	Seitenzahl, Format, Spalte Pages, Size, Column	Druckverfahren, Bildraster Printing Method, Screen of Pictures	Anzeigenpreis Price of Advertising	Anzeigenschluß, ... vor Erscheinen Closing date ... before publication
Führungskräfte caders	29 x 44 cm 2,8 cm	Rotative Typo 40	US-Dollar 968,– pro Seite page rate US-Dollar 250,– mehr/plus für Farbe for colour	Mittwoch wednesday
am Automobil interessierte Kreise, circles interested in automobiles	32 29,5 x 44 cm 3,6 cm	Rotation 32	SFr. 1196,80 pro Seite, page rate	Freitag der Vorwoche friday a week before
alle Schichten all kinds	29,7 x 45 cm 2,7 cm		SFr. 0,36 pro Spalte/mm column/mm	1 Tag 1 day
alle Schichten all kinds	24 29,8 x 45 cm 2,8 cm	Rotation 28	SFr. 1012,50 pro Seite, page rate SFr. 750,– mehr/plus für Farbe, for colour	1 Tag 1 day
alle Schichten all kinds	80 16,4 x 23,2 cm 2,5 cm	Offset-Rotation	SFr. 6639,85 pro Seite, page rate SFr. 8268,50 für Farbe, for colour	8 Wochen 8 weeks
alle Schichten all kinds	30 x 45,5 cm 2,8 cm		SFr. 0,33 pro Spalte/mm column/mm	1 Tag 1 day
alle Schichten all kinds	20,1 x 28 cm 3,2 cm	Tiefdruck rotogravure	SFr. 1243,– pro Seite, page rate SFr. 1150,–mehr/plus für Farbe, for colour	25 Tage für Farbe 42 Tage 25 days for colour 42 days

Zeitung, politische Richtung	Anschrift	Auflage	Sprache, Erscheinungsweise
Newspaper, Political Trend	*Address*	*Circulation*	*Language, Frequency of Issue*
La Suisse unabhängig independent	**1200 Genève**	63 000	französisch French täglich daily
Tages-Anzeiger unabhängig independent	**8004 Zürich** Werderstr. 21 Telex 53154	180 000	deutsch German täglich daily
Tages-Nachrichten unabhängig· independent	**3110 Münsingen**	38 600	deutsch German täglich daily
Tagwacht sozialdemokratisch socialdemocratic	**3000 Bern,** Monbijou Str. 61	18 200	deutsch German täglich daily
Thuner Tagblatt unabhängig independent	**3600 Thun**	10 500	deutsch German täglich daily
Thurgauer Zeitung unabhängig independent	**8500 Frauenfeld**	19 000	deutsch German täglich daily
La Tribune de Genève unabhängig independent	**1200 Genève**	62 100	französisch French täglich daily
Tribune de Lausanne unabhängig independent	**1000 Lausanne**	60 200	französisch French täglich daily

Leserkreis Kind of Readers	Seitenzahl, Format, Spalte Pages, Size, Column	Druckverfahren, Bildraster Printing Method, Screen of Pictures	Anzeigenpreis Price of Advertising	Anzeigenschluß, ... vor Erscheinen Closing date ... before publication
alle Schichten all kinds	30 x 42,8 cm 2,7 cm	Offset	SFr. 0,41 pro Spalte/mm column/mm	1 Tag 1 day
alle Schichten all kinds	75 - 80 29,7 x 42,4 cm 2,7 cm	Buchdruck, Rotation letterpress printing 28	SFr. 3816,— pro Seite, page rate Farbe nach Verein- barung, for colour ask for details	3 Tage 3 days
alle Schichten all kinds	29,7 x 45 cm 2,8 cm	Offset	SFr. 0,36 pro Spalte/mm column/mm	1 Tag 1 day
alle Schichten all kinds	29,5 x 44 cm 3,6 cm	Offset	SFr. 0,29 pro Spalte/mm column/mm	1 Tag 1 day
alle Schichten all kinds	30,6 x 44,2 cm 2,8 cm	Offset	SFr. 0,33 pro Spalte/mm column/mm	2 Tage 2 days
alle Schichten all kinds	29,7 x 44 cm 2,7 cm		Rückfrage erforderlich ask for details	
alle Schichten all kinds	40,3 x 55 cm 3,1 cm		SFr. 0,55 pro Spalte/mm column/mm	1 Tag 1 day
alle Schichten all kinds	29,1 x 44 cm 2,7 cm		SFr. 0,40 pro Spalte/mm column/mm	1 Tag 1 day

Zeitung, politische Richtung	Anschrift	Auflage	Sprache, Erscheinungsweise
Newspaper, Political Trend	*Address*	*Circulation*	*Language, Frequency of Issue*
Vaterland christlich-sozial christian social	**6000 Luzern**	47 000	deutsch German täglich daily
Die Weltwoche unabhängig independent	**8021 Zürich** Talacker 41, Telex 53374	110 450	deutsch German freitags friday
Die Woche illustrierte Zeitschrift illustrated news	**8035 Zürich** Beckenhofstr. 16	75 400	deutsch German montags monday
Zofinger Tagblatt liberal-demokratisch liberal-democratic	**4800 Zofingen**	12 160	deutsch German täglich daily
Der Zürcher Oberländer unabhängig independent	**8620 Wetzikon**	15 200	deutsch German täglich daily
Zürcher Woche unabhängig independent	**8027 Zürich** Gotthardstr. 61	31 200	deutsch German donnerstags thursday
Zürichsee-Zeitung liberal	**8712 Stäfa** Postfach 56	17 100	deutsch German täglich daily

Leserkreis *Kind of Readers*	Seitenzahl, Format, Spalte *Pages, Size, Column*	Druckverfahren, Bildraster *Printing Method, Screen of Pictures*	Anzeigenpreis *Price of Advertising*	Anzeigenschluß, ... vor Erscheinen *Closing date ... before publication*
alle Schichten all kinds	29,7 x 44 cm 2,7 cm		SFr. 0,36 pro Spalte/mm column/mm	1 Tag 1 day
Oberschicht upper classes	29,7 x 42,5 cm 2,7 cm	Rotation 25	SFr. 3570,— pro Seite, page rate	Donnerstag der Vorwoche thursday a week before
alle Schichten all kinds	23 x 32,6 cm 3,6 cm	Tiefdruck rotogravure	SFr. 1700,— pro Seite, page rate SFr. 1700,—mehr/plus für Farbe, for colour	3 Wochen für Farbe 6 Wochen 3 weeks for colour 6 weeks
alle Schichten all kinds	20 30,5 x 45,ɔ cm 2,8 cm	Rotation 30	SFr. 955,50 pro Seite, page rate SFr. 1435,50 für Farbe, for colour	1-3 Tage 1-3 days
alle Schichten all kinds	30,2 x 45,6 cm 2,8 cm		SFr. 0,23 pro Spalte/mm column/mm	1 Tag 1 day
alle Schichten all kinds	31,4 x 45 cm 2,9 cm	Buchdruck letterpress printing	SFr. 0,46 pro Spalte/mm column/mm	2 Tage 2 days
alle Schichten all kinds	24 19,7 x 45 cm 2,7 cm	Rotationsbuch- druck rotation letter- press printing 28	SFr. 1125.— pro Seite, page rate	2 Tage 2 days

SPANIEN / SPAIN

Zeitung, politische Richtung *Newspaper, Political Trend*	Anschrift *Address*	Auflage *Circulation*	Sprache, Erscheinungsweise *Language, Frequency of Issue*
A B C unabhängig independent	Calle de Serrano 61 **Madrid** Telex 27682	310 000 400 000	spanisch Spanish täglich daily
A B C	Cardenal Ilundain 9 **Sevilla**	60 000	spanisch Spanish täglich daily
Actualidad Española Illustrierte magazine	José Lazaro Galde- ano 6 **Madrid**	65 000	spanisch Spanish wöchentlich weekly
El Alcazar	Padre Damian 19 **Madrid**	80 000	spanisch Spanish täglich daily
Alerta	Marcelino S. Sautuola 12 **Santander**	36 000 - 40 000	spanisch Spanish morgens morning
Blanco y Negro Illustrierte magazine	Serrano 61 **Madrid 6**	85 000	spanisch Spanish wöchentlich weekly
El Coreo Catelan	Consejo de Ciento 425 - 427 **Barcelona**	60 000	spanisch Spanish täglich daily
El Coreo Español	Pintor Losado 5-7 **Bilbao**	85 000	spanisch Spanish täglich daily

Leserkreis *Kind of Readers*	Seitenzahl, Format, Spalte *Pages, Size, Column*	Druckverfahren, Bildraster *Printing Method, Screen of Pictures*	Anzeigenpreis *Price of Advertising*	Anzeigenschluß, ... vor Erscheinen *Closing date ... before publication*
alle Schichten all kinds	22,5 x 32,5 cm 6,3 cm	Tipografia	Pesetas 43000.— pro Seite, page rate Pesetas 53000.— für Farbe, for colour	1 Tag 1 day
alle Schichten all kinds	20 x 28 cm 6,2 cm	Rotation	Pesetas 14.— pro Spalte/mm column/mm	1 Tage 2 days
alle Schichten all kinds	27,3 x 36 cm 5,2 cm	Rotation	Pesetas 38 000.— pro Seite, page rate für Farbe Rückfrage erforderlich, for colour ask for details	1 Woche 1 week
alle Schichten all kinds	24 x 31,4 cm 4 cm	Rotation	Pesetas 17.— pro Spalte/mm column/mm	1 Tag 1 day
alle Schichten all kinds	18 34,8 x 50 cm 4 cm	Rotation 24	Pesetas 18000.— pro Seite, page rate	1 Tag 1 day
alle Schichten all kinds	22,5 x 31,5 cm 5,2 cm	Rotation	Pesetas 25000.— pro Seite, page rate für Farbe Rückfrage erforderlich, for colour ask for details	1 Woche 1 week
alle Schichten all kinds	25 x 39 cm 4,7 cm	Rotation	Pesetas 8.— pro Spalte/mm column/mm	1 Tag 1 day
alle Schichten all kinds	23,5 x 39,3 cm 4,8 cm	Rotation	Pesetas 8.— pro Spalte/mm column/mm	1 Tag 1 day

Spanien

Zeitung, politische Richtung *Newspaper, Political Trend*	Anschrift *Address*	Auflage *Circulation*	Sprache, Erscheinungsweise *Language, Frequency of Issue*
Diario de Barcelona	Consejo de Ciento 224 **Barcelona 11**	70 000	spanisch Spanish täglich daily
Diario de Navarra	Zapateria 49 **Pamplona**	25 000	spanisch Spanish täglich daily
Familia Cristiana unabhängig independent	General Concha 9 **Bilbao**	130 000	spanisch Spanish 14 tägig forthnigtly
Faro de Vigo	Colon 30 **Vigo**	50 000	spanisch Spanish täglich daily
La Gaceta del Norte	Henao 8 **Bilbao**	100 000	spanisch Spanish täglich daily
Gaceta Ilustrada	Tallers 62-64 **Barcelona**	90 000	spanisch Spanish wöchentlich weekly
Garbo Frauenzeitschrift women news	Tallers 62-64 **Barcelona**	130 000	spanisch Spanish wöchentlich weekly

Leserkreis Kind of Readers	Seitenzahl, Format, Spalte Pages, Size, Column	Druckverfahren, Bildraster Printing Method, Screen of Pictures	Anzeigenpreis Price of Advertising	Anzeigenschluß, ... vor Erscheinen Closing date ... before publication
alle Schichten all kinds	26,2 x 44 cm 5,2 cm	Rotation	Pesetas 7.50 pro Spalte/mm column/mm	1 Tag 1 day
alle Schichten all kinds	42 x 56 cm 5 cm	Rotation	Pesetas 4.— pro Spalte/mm column/mm	1 Tag 1 day
alle Schichten all kinds	52 21 x 29 cm 5,5 cm	Offset 60	Pesetas 26000.— pro Seite, page rate Pesetas 65000.— für Farbe, for colour	25 Tage 25 days für Farbe 40 Tage for colour 40 days
alle Schichten all kinds	38,3 x 47,5 cm 4,7 cm	Rotation	Pesetas 7.— pro Spalte/mm column/mm	2 Tage 2 days
alle Schichten all kinds	37,6 x 52,6 4,7 cm	Rotation	Pesetas 7.— pro Spalte/mm column/mm für Farbe nach Ver- einbarung, for colour ask for details	1 Tag 1 day
alle Schichten all kinds	27,5 x 36,4 cm 5,2 cm	Rotation	Pesetas 40000.— pro Seite, page rate	1 Woche 1 week
vorwiegend Frauen, women in general	19,5 x 27,5 cm 4,3 cm	Rotation	Pesetas 30000.— pro Seite, page rate	1 Woche 1 week

Spanien

Zeitung, politische Richtung *Newspaper, Political Trend*	Anschrift *Address*	Auflage *Circulation*	Sprache, Erscheinungsweise *Language, Frequency of Issue*
Hola Frauenzeitschrift women news	Mutaner 414 **Barcelona**	350 000	spanisch Spanish wöchentlich weekly
Heraldo de Aragon unabhängig independent	Avda. Independencia **Zaragoza** 29	62 000	kastilisch täglich daily
Informacion	Quintana 42-44 **Alicante**	33 000	spanisch Spanish täglich daily
Lecturas Frauenzeitschrift women news	Diputacion, 211 **Barcelona**	205 000	spanisch Spanish wöchentlich weekly
Levante	Avenida del Cid 270, **Valencia**	55 000	spanisch Spanish täglich daily
Madrid, Diario de la Noche unabhängig independent	General Pardinas 92 **Madrid** Telex 27794	80 000 - 96 000	spanisch Spanish täglich daily
Marca Sportblatt sporting news	Avda.Generalisimo 142 **Madrid**	170 000	spanisch Spanish täglich daily
YA	Mateo Inurria 15, **Madrid (16)**	150 000	spanisch Spanish täglich daily

Leserkreis Kind of Readers	Seitenzahl, Format, Spalte Pages, Size, Column	Druckverfahren, Bildraster *Printing Method, Screen of Pictures*	Anzeigenpreis *Price of Advertising*	Anzeigenschluß, ... vor Erscheinen *Closing date ... before publication*
vorwiegend Frauen women in general	23,5 x 33 cm 5,2 cm	Rotation	Pesetas 80000.— pro Seite, page rate	1 Woche 1 week
alle Schichten all kinds	20 - 40 39,5 x 54,5 cm 5,1 cm	Tipografico 25	Pesetas 16000.— pro Seite, page rate Pesetas 19000.— für Farbe, for colour	2 Tage 2 days
alle Schichten all kinds	30 x 45,5 cm 5 cm	Rotation	Pesetas 6.— pro Spalte/mm column/mm	2 Tage 2 days
vorwiegend Frauen, women in general	60 24 x 31,5 cm 5 cm	Offset	Pesetas 30 000.— pro Seite, page rate Pesetas 45000.— für Farbe, for colour	15 Tage 15 days
alle Schichten all kinds	40 x 53,5 cm 5 cm	Rotation	Pesetas 9.— pro Spalte/mm column/mm	1 Tag 1 day
alle Schichten all kinds	32 27 x 42 cm 4,5 cm	Tipografia	Pesetas 20000.— pro Seite, page rate für Farbe nach Vereinbarung, for colour ask für details	1 Tag 1 day
alle Schichten all kinds	28,5 x 43 cm 4,7 cm	Rotation	Pesetas 18.— pro Spalte/mm column/mm	1 Tag 1 day
Mittelschicht middle classes	26,5 x 40 cm 5 cm	Tipografia	Pesetas 32000.— pro Seite, page rate für Farbe nach Vereinbarung, for colour ask für details	2 Tage 2 days

Zeitung, politische Richtung *Newspaper, Political Trend*	Anschrift *Address*	Auflage *Circulation*	Sprache, Erscheinungsweise *Language, Frequency of Issue*
Mundo Cristiano unabhängig independent	Jose Lazaro Galdiano 6, **Madrid 16**	204 600	spanisch Spanish monatlich montly
Norte Expres unabhängig independent	Fueros 53, **Vitoria**	10 000	spanisch Spanish abends evening
El Noticiero katholisch catholic	Coso 71, **Zaragoza** Telex 012-48	11 500	spanisch Spanish täglich daily
El Noticiero Universal	Lauria 35 - 37 **Barcelona**	75 000	spanisch Spanish täglich daily
La Nueva España national	Calvo Sotelo 5, **Oviedo**	48 600 - 57 700	spanisch Spanish täglich daily
Las Provincias	Avenida Pintor J. Pinazo 19, **Valencia**	35 000	spanisch Spanish täglich daily
Pueblo	Huteras 73, **Madrid**	180 000	spanisch Spanish täglich daily

Leserkreis	Seitenzahl, Format, Spalte	Druckverfahren, Bildraster *Printing Method,*	Anzeigenpreis	Anzeigenschluß, . . . vor Erscheinen
Kind of Readers	*Pages, Size, Column*	*Screen of Pictures*	*Price of Advertising*	*Closing date . . . before publication*
alle Schichten all kinds	92 24,2 x 31,5 cm		Pesetas 35000.— pro Seite, page rate Pesetas 65000.— für Farbe, for colour	1 Monat 1 month
alle Schichten all kinds	24 - 40 32 x 41 cm 4,5 cm	Rotation	Pesetas 4800.— pro Seite, page rate Pesetas 6000.— für Farbe, for colour	3 Tage 3 days
alle Schichten all kinds	24 - 32 27,5 x 37,5 cm 5,5 cm	Rotation 25	Pesetas 5300.— -6750.— pro Seite, page rate Pesetas 7950.— - 10125.— für Farbe, for colour	8 Tage 8 days
alle Schichten all kinds	29 x 42 cm 5,5 cm	Rotation	Pesetas 9.— pro Spalte/mm column/mm	1 Tag 1 day
alle Schichten all kinds	24 - 32 32 x 46,5 cm 4,4 cm	Tipografico	Pesetas 16000.— pro Seite, page rate für Farbe nach Vereinbarung, for colour ask for details	2 Tage 2 days
alle Schichten all kinds	27,4 x 39 cm 5,5 cm	Rotation	Pesetas 7.— pro Spalte/mm column/mm	2 Tage 2 days
alle Schichten all kinds	27,7 x 40,5 cm 4,5 cm	Rotation	Pesetas 24.— pro Spalte/mm column/mm für Farbe Rückfrage erforderlich, for colour as für details	1 Tag 1 day

Zeitung, politische Richtung	Anschrift	Auflage	Sprache, Erscheinungsweise
Newspaper, Political Trend	*Address*	*Circulation*	*Language, Frequency of Issue*
Semana	Paseo Onesimo Redondo 22 - 24 **Madrid**	130 000	spanisch Spanish wöchentlich weekly
Sur	Alameda de Colon 2 **Malaga**	40 000	spanisch Spanish täglich daily
Tele-Expres	Aragon 390-94 **Barcelona**	55 000	spanisch Spanish täglich daily
Triunfo Illustrierte magazine	Avenida de America **Madrid**	65 000	spanisch Spanish wöchentlich weekly
La Vanguardia	Pelayo 28 **Barcelona**	210 000	spanisch Spanish täglich daily
La Verdad unabhängig independent	Avda. Ibanez Martin **Murcia** 15 Telex 67 100	27 700	spanisch Spanish täglich daily
La Voz de España	San Marcial 8-10 **San Sebastian**	60 000	spanisch Spanish morgens morning

Leserkreis Kind of Readers	Seitenzahl, Format, Spalte Pages, Size, Column	Druckverfahren, Bildraster *Printing Method,* *Screen of* *Pictures*	Anzeigenpreis *Price of* *Advertising*	Anzeigenschluß, ... vor Erscheinen *Closing date* *... before* *publication*
alle Schichten all kinds	76 23 x 30,8 cm 5,5 cm	Offset	Pesetas 30000.— pro Seite, page rate Pesetas 65000.— für Farbe, for colour	12 Tage 12 days 25 Tage für Farbe 25 days for colour
alle Schichten all kinds	29 x 42 cm 4,6 cm	Rotation	Pesetas 7.— pro Spalte/mm column/mm	1 Tag 1 day
alle Schichten all kinds		Rotation	nach Vereinbarung ask for details	
alle Schichten all kinds	27 x 37 cm 5,2 cm	Rotation	Pesetas 30000.— pro Seite, page rate für Farbe nach Ver- einbarung, for colour ask for details	1 Woche
alle Schichten all kinds	28,3 x 42,5 cm 5,9 cm	Rotation	Pesetas 25.— pro Spalte/mm column/mm für Farbe nach Ver- einbarung, for colour ask for details	1 Tag 1 day
alle Schichten all kinds	24 - 32 35 x 50 cm 4,5 cm	Tipografia	Pesetas 14000.— pro Seite, page rate Pesetas 18150.— für Farbe, for colour	1 Tag 1 day
alle Schichten all kinds	24 - 32 32,5 x 46,7 cm 4,5 cm	Rotation	Pesetas 22000.— pro Seite, page rate	1 Tag 1 day

Zeitung, politische Richtung	Anschrift	Auflage	Sprache, Erscheinungsweise
Newspaper, Political Trend	*Address*	*Circulation*	*Language, Frequency of Issue*
La Voz de Galicia	Conception 11-13 **La Coruna**	38 000	spanisch Spanish täglich daily

Leserkreis *Kind of* *Readers*	Seitenzahl, Format, Spalte *Pages, Size,* *Column*	Druckverfahren, Bildraster *Printing Method,* *Screen of* *Pictures*	Anzeigenpreis *Price of* *Advertising*	Anzeigenschluß, ... vor Erscheinen *Closing date* *... before* *publication*
alle Schichten all kinds	35 x 49 cm 5 cm	Rotation	Pesetas 6.50 pro Spalte/mm column/mm	1 Tag 1 day

UdSSR / USSR

Zeitung, politische Richtung	Anschrift	Auflage	Sprache, Erscheinungsweise
Newspaper, Political Trend	*Address*	*Circulation*	*Language, Frequency of Issue*
Economit-Scheskaja Gazeta Wirtschaftszeitung economic news	**Moskau**	600 000	russisch Russian wöchentlich weekly
Leningradskaja Pravda	**Leningrad**	350 000	russisch Russian täglich daily
Leninskoje Sna-Mja	**Leningrad**	180 000	russisch Russian täglich daily
Pravda	**Moskau**	240 000	russisch Russian täglich daily
Sowjetskaja Torgowija Wirtschaftszeitung economic news	**Moskau**	350 000	russisch Russian 3 x wöchentlich 3 x weekly
Wetschernjaja Moskwa	**Moskau**	300 000	russisch Russian täglich daily

Leserkreis Kind of Readers	Seitenzahl, Format, Spalte Pages, Size, Column	Druckverfahren, Bildraster Printing Method, Screen of Pictures	Anzeigenpreis Price of Advertising	Anzeigenschluß, ... vor Erscheinen Closing date ... before publication
Führungs - kräfte caders	24 x 35 cm 6 cm	Rotation	Rubel 4.— pro Spalte/mm column/mm	1 Woche 1 week
alle Schichten all kinds	5,5 cm	Rotation	Rubel 3.50 pro Spalte/mm column/mm	1 Tag 1 day
alle Schichten all kinds	5,5 cm	Rotation	Rubel 3.50 pro Spalte/mm column/mm	1 Tag 1 day
alle Schichten all kinds	5,5 cm	Rotation	Rubel 3.75 pro Spalte/mm column/mm	1 Tag 1 day
Führungs- kräfte caders	37,1 x 53,5 cm 5,3 cm	Rotation	Rubel 4.— pro Spalte/mm column/mm	3 Tage 3 days
alle Schichten all kinds	5,5 cm	Rotation	Rubel 3.70 pro Spalte/mm column/mm	1 Tag 1 day

UNGARN / HUNGARY

Zeitung, politische Richtung	Anschrift	Auflage	Sprache, Erscheinungsweise
Newspaper, Political Trend	*Address*	*Circulation*	*Language, Frequency of Issue*
Budapester Rundschau	**Budapest**	10 000	deutsch German wöchentlich weekly
Del Magyarorszag	**Szegeg**	40 000	ungarisch Hungarian täglich daily
Esti	**Budapest**	180 000	ungarisch Hungarian abends evening
Hetfoei Hirek	**Budapest**	200 000	ungarisch Hungarian montags monday
Magyr Hirlap	**Budapest**	100 000	ungarisch Hungarian täglich daily
Magyar Nemzet	**Budapest**	150 000	ungarisch Hungarian täglich daily
Naplo	**Veszprem**	40 000	ungarisch Hungarian täglich daily
Nepszabadsag	**Budapest**	350 000	ungarisch Hungarian täglich daily

Leserkreis *Kind of Readers*	Seitenzahl, Format, Spalte *Pages, Size, Column*	Druckverfahren, Bildraster *Printing Method, Screen of Pictures*	Anzeigenpreis *Price of Advertising*	Anzeigenschluß, ... vor Erscheinen *Closing date ... before publication*
	27,5 x 40 cm 4,5 cm	Rotation	DM 1.50 pro Spalte/mm column/mm	1 Woche 1 week
alle Schichten all kinds	26 x 40 cm 4 cm	Rotation	DM 1.05 pro Spalte/mm column/mm	2 Tage 2 days
alle Schichten all kinds	28 x 39 cm 4,5 cm	Rotation	DM 2.50 pro Spalte/mm column/mm	2 Tage 2 days
alle Schichten all kinds	28 x 41 cm 4,5 cm	Rotation	DM 3.80 pro Spalte/mm column/mm	1 Woche 1 week
alle Schichten all kinds	25 x 35,5 cm 5,7 cm	Rotation	DM 2.– pro Spalte/mm column/mm	2 Tage 2 days
alle Schichten all kinds	27,5 x 40 cm 4,5 cm	Rotation	DM 2.50 pro Spalte/mm column/mm	2 Tage 2 days
alle Schichten all kinds	26,5 x 40 cm 4 cm	Rotation	DM -.80 pro Spalte/mm column/mm	2 Tage 2 days
alle Schichten all kinds	24,3 x 37,5 cm 4,5 cm	Rotation	DM 7.– pro Spalte /mm column/mm	2 Tage 2 days

Zeitung, politische Richtung	Anschrift	Auflage	Sprache, Erscheinungsweise
Newspaper, Political Trend	*Address*	*Circulation*	*Language, Frequency of Issue*
Nepszava	**Budapest**	220 000	ungarisch Hungarian täglich daily
Neueste Nachrichten	**Budapest**	15 000	deutsch/ englisch German/ English täglich daily
Sza-Bad Föld	**Budapest**	425 000	ungarisch Hungarian wöchentlich weekly

Leserkreis *Kind of Readers*	Seitenzahl, Format, Spalte *Pages, Size, Column*	Druckverfahren, Bildraster *Printing Method, Screen of Pictures*	Anzeigenpreis *Price of Advertising*	Anzeigenschluß, . . . vor Erscheinen *Closing date . . . before publication*
alle Schichten all kinds	28 x 41 cm 3,5 cm	Rotation	DM 3.50 pro Spalte/mm column/mm	2 Tage 2 days
	28 x 43,5 cm 4,5 cm	Rotation	DM 1.— pro Spalte/mm column/mm	2 Tage 2 days
alle Schichten all kinds	25,5 x 36 cm 4,5 cm	Rotation	DM 3.50 pro Spalte/mm column/mm	1 Woche 1 week

VATIKAN / VATICAN

Zeitung, politische Richtung	Anschrift	Auflage	Sprache, Erscheinungsweise
Newspaper, Political Trend	*Address*	*Circulation*	*Language, Frequency of Issue*
L'Ossevatore Romano	Citta del Vaticano **Roma**	60 000	italienisch Italian taeglich daily

Leserkreis *Kind of Readers*	Seitenzahl, Format, Spalte *Pages, Size, Column*	Druckverfahren, Bildraster *Printing Method, Screen of Pictures*	Anzeigenpreis *Price of Advertising*	Anzeigenschluß, . . . vor Erscheinen *Closing date . . . before publication*
alle Schichten all kinds	39,2 x 55 cm 5,6 cm		Lire 400.— pro Spalte/mm, column/mm	

REGISTER / INDEX

Alphabetisches Verzeichnis / Alphabetical Index

Ortsregister / Geographical Index

ALPHABETISCHES VERZEICHNIS / ALPHABETICAL INDEX

N

ORTSREGISTER / GEOGRAPHICAL INDEX